How Games Move Us

游戏情感设计

如何触动玩家的心灵

[美] Katherine Isbister 著
金潮 译

U0299470

電子工業出版社
Publishing House of Electronics Industry
北京•BEIJING

内容简介

电子游戏是如何创造情感的呢？在本书中，Katherine Isbister 描述了选择和心流这两种可以将游戏和其他媒体区分开来的品质，并解释了游戏开发者们是如何通过游戏角色、非玩家角色及游戏角色定制化在单机游戏和社交游戏中建立这些品质的。作者通过一系列细致入微的实例（包括流行游戏、独立游戏及艺术游戏）详细说明了游戏是如何影响情感和社交连接的。本书为我们提供了一种新的思考和鉴赏游戏的方式。

Copyright © 2016 Katherine Isbister
First published in the English language by The MIT Press. All rights reserved.
本书简体中文专有翻译出版权由博达著作权代理有限公司 Bardon Chinese Media Agency 代理 The MIT Press 授权电子工业出版社，专有出版权受法律保护。

版权贸易合同登记号 图字：01-2016-4311

图书在版编目（CIP）数据

游戏情感设计：如何触动玩家的心灵 /（美）凯瑟琳·伊斯比斯特（Katherine Isbister）著；金潮译. —北京：电子工业出版社，2017.2
书名原文：How Games Move Us
ISBN 978-7-121-30847-5

Ⅰ. ①游… Ⅱ. ①凯… ②金… Ⅲ. ①游戏—软件设计 Ⅳ. ①TP311.5

中国版本图书馆CIP数据核字（2017）第017543号

责任编辑：徐津平
印　　刷：北京盛通商印快线网络科技有限公司
装　　订：北京盛通商印快线网络科技有限公司
出版发行：电子工业出版社
　　　　　北京市海淀区万寿路 173 信箱 邮编 100036
开　　本：787×1092 1/32 印张：6.125 字数：113 千字
版　　次：2017 年 2 月第 1 版
印　　次：2020 年 10 月第 10 次印刷
定　　价：65.00 元

凡所购买电子工业出版社图书有缺损问题，请向购买书店调换。若书店售缺，请与本社发行部联系，联系及邮购电话：（010）88254888，88258888。

质量投诉请发邮件至 zlts@phei.com.cn，盗版侵权举报请发邮件至 dbqq@phei.com.cn。

本书咨询联系方式：（010）57565890，meidipub@phei.com.cn。

我要把这本书献给我的继父 Anthony Falcone，他是我最忠实的粉丝——永远愿意聆听我、帮我找参考资料，并且当我在为完成这本书而克服万难的时候给了我支持和鼓励。同时，我也要把这本书献给我的博士生导师 Clifford Nass，一位杰出的、热情的良师益友，我很想念他。

推荐序 1

我在 2016 年看了电影《魔兽世界》的观影片段，至今仍记忆犹新。当乌瑞恩国王牺牲时，我明显感觉到联盟玩家们的唏嘘和骄傲，仿佛此刻他们已化身为神圣仁慈的联盟圣骑士；而当婴儿萨尔被救出时，部落玩家立刻从压抑悲伤的情绪中兴奋起来，就像成功地抵御了一次联盟对奥格瑞玛的袭扰，成功保卫了他们的首领一样。

人们为何会为一个电影的角色感到骄傲或遗憾，就像为他们自己的事迹感到骄傲或遗憾那样？为何在我之前的观影经历中，从未有过类似的记忆留存？直觉告诉我，这种感觉是游戏带给我的，而非电影本身。可是对于游戏，我更多地回忆起的是黑暗神殿副本的战斗，战歌峡谷据点的争夺，以及雷霆崖的明媚阳光和纳格兰的静谧柔美。那么关于故事和角色的感觉是如何悄悄地来到我的脑海，而且是如此深刻以至挥之不去的呢？

直到读完这本《游戏情感设计：如何触动玩家的心灵》，我才找到了答案。

围绕着“游戏如何创造情感”这个主题，作者以游戏的两个特质——选择和心流——作为基础，分别讲述了单人和多人游戏如何通过这两个特质来创造移情的感受，作者还从玩家身体动作诱发情感变化的独特角度进一步阐述了主题。另外，作者不仅把篇幅限于单机游戏和体感游戏，也将笔触衍生到社交领域，其中提到的三种创造社交体验的策略，于中国游戏设计师应该是大有裨益的。

书中最精彩的部分是用来论证观点的大量游戏实例，这些实例既有耳熟能详的游戏，也有冷门却精致的游戏，例如曾获得美国独立游戏先锋奖的《火车》，它考验人性，引发共犯关系情感，为如何创造一个好的游戏故事，并使其增强游戏玩法产生的情感树立了典范；又如《安静》这个游戏，设计师巧妙地将玩家置于影响故事发展的主要 NPC 的位置，通过模拟 NPC 的动作和行为来造成不同的故事结局，使玩家陷入强烈的情感冲击中，以达到移情的设计目的。这些例子或者片段对于有志于创造具有强大情感联结游戏的设计师来说是宝贵的资源。

无论是本书致力于传递的情感设计理论，还是引人入胜的游戏范例，都能使我们距离设计的本质更进一步。亲爱的读者们，何不拿起书来，一同去寻求情感设计的真理呢？

陈默，墨麟游戏首席产品官

推荐序 2

游戏行业正在经历一场巨大的文艺复兴。

《游戏情感设计：如何触动玩家的心灵》即将问世，感谢墨战具与电子工业出版社为中国游戏行业做出的贡献。国内近年来引进的游戏相关书籍很多，但大都以设计通论为主，而着重某一主题，尤其是情感体验方面的，则几乎是空白。当然，这也与此类研究本身就不多有关。

应邀为《游戏情感设计：如何触动玩家的心灵》写推荐序，我内心非常惶恐，因为 Katherine Isbister 是学界具有很大影响力的前辈，而这本并不厚重的小书是其多年研究的成果。《游戏情感设计：如何触动玩家的心灵》属于 Playful Thinking 系列丛书，indienova 较早对其进行了介绍——从最开始的丛书介绍，到《游戏情感设计：如何触动玩家的心灵》的笔记分享，再到与 NYU Game Center 学生联合推出的电台“游必有方”中对于 Katherine Isbister 在 NYU 讲座的讨论。同时，indienova 也介绍了 CMU 的 emotionshop，即一系列关于游戏情感体验的探索实验。可以说，Katherine Isbister 为这一领域做出了开拓性的工作，而 indienova 则试图让中国读者感受到这一领域的可能性与魅力。

这本小书包含了许多 Katherine Isbister 多年研究的成果，从某种程度上讲也是游戏的关注角度逐渐扩大的体现：从角色的塑造，到 UI 对于体验的影响等。对于只是好奇游戏的力量的普通读者来说，这本小书一点也不难读。与牛津通识系列中的读本不同，本书更像是围绕某个话题的自成体系的思考。本书像是有意识地限制了理论的引用，只专注于必要的部分。同时本书收录了大量的游戏实例——这些实例没有局限在那些容易进入大众视野的游戏作品，或看上去高不可攀的艺术游戏，而是涵盖了广泛的类型，甚至涉及非数字游戏领域——并且对它们进行了简单明了的分析。本书结构清晰，读者很容易理解书中的内容。

情感设计是游戏设计中较少受到关注的一个方面，Katherine Isbister 的工作是开拓性的。学术研究通常出现在产业意识之前，游戏目前仍是一个距离成熟还相当遥远的学科。在这样的前提下，读者也许会认为本书的内容过于泛泛，并没有提出实际的解决方案。但是，回想不久之前，游戏因为涉足领域过窄而饱受偏见，搜索关于游戏的学术内容时，只能得到大量与“暴力”相关的内容，再对比《游戏情感设计：如何触动玩家的心灵》中所做的努力，不禁让人感慨游戏这一媒介的发展已经进了一大步。

本书中的观点是富有见地与启发性的。它涉及了情感体验的各个方面，包括我们相对熟悉的玩家角色、非玩家角色的互动，角色定制的话题；也包括真人角色扮演游戏（LARP）、增强现实游戏（ARG）等目前仍在探索之中的游戏类型；以及交互界面与方式（如不同特殊种类的控制器）对于情感设计的影响，等等。

也许更加至关重要的是，这些研究成果并不只是那些先锋游戏才能享受的专利，事实上，学界研究与独立尝试逐步成熟之后，就能够更好地将其运用在商业游戏的设计之中。其实那些尚未被充分挖掘的领域才是拥有最多可能性的领域，比如书中提到的网络游戏中的社交体验带来的情感交互。

还要感谢 Katherine Isbister 及 Playful Thinking 系列的其他作者，感谢他们作为象牙塔中的学者仍在努力与大众沟通，这并不容易。当大众对于暴力游戏与氪金游戏的偏见还没有消除的时候，让他们理解商业游戏是困难的，更遑论让他们了解游戏在情感体验领域做出的尝试了。

目前的游戏设计实践（尤其是独立游戏）为游戏情感体验研究提供了充足的养料。正如 Katherine Isbister 所说，游戏行业正在经历一场巨大的“文艺复兴”，这个变化不但深刻、显著，而且速度极快。Katherine Isbister 自言写作过程历经数载，书中引用的多个游戏也得到了足够多玩家的反馈。但是，就在这个过程中，大量的新探索涌现了出来，本书发布之后，Katherine Isbister 在各处的演讲中都补充了新的案例，如果我们足够关注情感体验这一领域的游戏，比如最近刚刚发售的《最后的守护者》，以及独立游戏或艺术游戏的话，我们也很容易在阅读本书的过程中找到最近的可以作为佐证进行援引的尝试。这也说明 Katherine Isbister 的研究的确为我们指引了正确的方向。

有关游戏情感设计的探索还在继续，Katherine Isbister 的这本小书只是一个开始，也希望本书的引进能够帮助更多的华人设计师参与到这个进程之中。

乔晓萌，indienova 主编

译者序

我选择翻译这本书，是因为自己在读过它的英文版之后觉得受益匪浅，心想着如果我能把它翻译成中文让更多人阅读，想必也算是立了功德。

首先，这是一本简短的书。这本书是 MIT 的 Playful Thinking 系列书籍中的一本，这一系列的共同特点就是简短易读。我喜欢它的原因是我可以随身带着它，在地铁上或者任何等待的间隙都可以拿出来阅读。读书不应该是一个沉重的负担。如果你和我一样对新事物总是有三分钟热度，那这本书应该可以让你在热度消退之前看完。

其次，这是一本易懂的书。如果你对游戏设计一直很感兴趣但是苦于无法入门，那么这本书很适合你。我很佩服原作者的写作方式，她总是可以把复杂的东西讲得简单易懂。这是一种难得的能力。在翻译的过程中，我也尽量使用了简洁的词汇把原著的意思表达出来。值得一提的是，英文版的原著里也几乎没有艰难晦涩的学术词汇，建议有条件的读者购买本书的原著读一读。

再者，这是一本能给你带来全新视角的书。当我们在做一个游戏原型时，我们可能已经习惯了从游戏的玩法出发。然而，这本书提供了一种新的思路：也许我们也可以从玩家的情感出发。作为一名游戏设计师，你有想过你的游戏会给玩家带来什么样的情感吗？是愤怒还是喜悦？是像 *Flappy Bird* 一样让人感到抓狂还是像 *Journey* 一样让人感动？正如作者所说的，游戏是一种新的媒介，它和小说、电视、电影、漫画一样能够传播情感。当我们在设计游戏的时候，除了游戏的题材、玩法和吸金能力之外，也许我们也应该想想它在传播一种什么样的情感和价值观。如果说每一个游戏设计师都是一个会魔法的精灵，那么设计游戏就是创造魔法（magic）的过程。你不应该忽视这种魔法的魅力，更不应该放弃使用这种魔法的权利。你的游戏会给玩家带来一种什么样的情感体验呢？

最后，这是一本非常有料的书。也许你会像我一样，从本书引用的大量游戏案例中感受到作者的知识之渊博。如果不是因为这本书，我可能不会知道《火车》《韦科复活》《小贩人生》《安静》等这样别具一格的游戏。其一是文化的原因，本书中引用的游戏大多是美国游戏开发者的作品；其二是因为这些游戏可能并不热门，也没有出现在App Store的热销榜上。但也许正是因为这些游戏的存在，大众才会越来越认可这一观点：游戏是一种艺术。同时，这本书也让我意识到了游戏学术研究的重要性。正是因为美国的游戏行业拥有像本书作者这样的学者，他们研究、讨论游戏，并驱动着游戏作品的多样化，美国的独立游戏文化才会如此浓厚。如果你发现你的游戏除了能赚钱之外，还有其他“成功”的可能性，也许你也会改变游戏设计的思路。

在翻译过程中，我已经尽最大努力把原文忠实、清楚地呈现出来。但由于水平有限，我对一些词句的翻译并不十分满意，书中也难免有错误与疏漏。如果你对本书有任何想法和建议，欢迎与我交流，我的邮箱是 jinchaoonly@gmail.com，谢谢。

感谢电子工业出版社的编辑们帮助校译、审核这本书。

感谢我的老公和其他家庭成员对我翻译本书的支持，以及一直以来对我的事业和梦想的支持。

致谢

为写这部小小的“巨著”所付出的时间和精力大大超出了我的预期。感谢洪堡基金会和柏林工业大学的 Marc Alexa 支持我完成了数个夏天的写作。谢谢斯坦福大学 CASBS 中心（行为科学高级研究中心）在休假年对我的支持，以及安嫩伯格基金会给予的奖学金支持，让我得以完成了这本书的写作。在斯坦福大学的时候，我与许多人讨论过我的想法，并因此而受益良多，他们包括：来自人机交互项目的 Michael Bernstein 和 James Landay 的学生们；由 Henry Lowood、Ingmar Riedel-Kruse、Sebastian Alvarado、Paul Zenke、Chris Bennett 以及他们的同事们所举办的“游戏和互动媒体系列讲座”的参会者们；由 Martha Russell 举办的 Media-X 年会的参会者们；Karin Forssell 和她的来自“学习、设计和科技”研究生项目的学生们；还有优秀的 Wendy Ju。当然，和 CASBS 的伙伴们的对话交流从未停止过，他们给了我很多宝贵的建议。感谢 Scott Bukatman 与我进行了一场有趣的头脑风暴。

感谢这些年纽约大学对我的培养，为我的学术研究奠定了根基。游戏创新实验室培养了我对游戏和游戏情感研究的兴趣。感谢那些来自纽约大学计算机科学学院游戏工程小组和游戏中心的优秀同事们，你们让我对游戏及其作用有了新的认识。我曾经经常和 Frank Lantz、Eric Zimmerman、Jesper Juul 及游戏中心其他早期成员们把游戏作为一种文化形式进行讨论，这些讨论深深地影响了我对这本书的写作。

非常感谢那些阅读了本书初稿并和我进行讨论的朋友们：Kaho Abe、Gabriella Etmektsoglou、Clara Fernandez-Vara、Michael Mateas、Andy Nealen、Syed Salahuddin、Fred Turner 和 Sharra Vostral；以及过去几年在这些主题上与我进行合作的研究生们：Xiaofeng Chen、Jonathan Frye、Chelsea Hash、Michael Karlesky、Shoshana Kessock、Suzanne Kirkpatrick、Elena Márquez Segura、Edward Melcer、Shilpan Patel、Toni Pizza、Rahul Rao、Holly Robbins、Ulf Schwekendiek、Raybit Tang 和 Kong Tsao（以及在此处被我不小心遗漏的其他人——肯定有人被我遗漏了，请原谅我）。谢谢 Chrystanyaa Brown 和 Chris DiMauro 让实验室一直保持着良好的运营，让我们可以在那里打造伟大的研究性游戏。

感谢游戏开发社区里的朋友们，他们中有的人早已开始通过游戏、写作作品和公开演讲等方式来探索游戏设计和情感的交融。特别是 Jenova Chen 和 Nicole Lazzaro 的作品对我影响颇深，这本书里也有对它们的引用。

感谢 Playful Thinking 系列的编辑们，以及麻省理工学院出版社里一直关心和指导这本书的朋友们，特别是我在纽约大学的老同事 Jesper Juul 和耐心的编辑 Doug Sery，Sery 一直坚守和拥护着一个信念，那就是游戏写作需要深思熟虑。谢谢 Christine Larson 为我修正那些晦涩难懂的学术语调，谢谢 Luke Stark 为我整理本书的参考资料并争取图片的引用许可。谢谢 Kristina Höök 在我为手稿进行最后的修改和上传时给予的支持和鼓励。

最后，我要大声感谢在背后支持我的丈夫 Rene Netter，他总是乐意聆听那些被我从工作中带回家的想法。感谢我的女儿 Nona Lily Netter，因为她，我的生活充满了乐趣。

前言

游戏在文化中的地位已经出现了一些转变。现在几乎每个人都接受了这样一个事实：游戏是一件重要的事。通过销售游戏所获得的巨额收入已经能和电影、图书行业相提并论，游戏以不同的形式出现在成千上万人的日常生活中。我们在博物馆里收藏游戏，在《纽约时报》这类被高端文化所占据的报纸上阅读有关游戏的文章。但是公众对游戏的看法与游戏的本质还是有一些差距。游戏，需要被大众更进一步地了解。

游戏是怎样和我们的生活融为一体的？它对我们人类产生了怎样的影响？在我们对此进行一场丰富而有意义的讨论之前，我们必须先明白*游戏*并不是一个单一的概念，我们需要深入研究那些影响游戏体验的各方面因素。当我们讨论电影的影响时，我们绝对不会把好莱坞动作电影、圣丹斯电影节的获奖作品及自然纪录片混为一谈，而是会把它们当作不同类型的作品来讨论：它们使用的拍摄技术不同，面向的观影人群不同，想要达到的目的也不一样。

我们不会用其中某一类电影的评判标准去衡量其他类型的电影。我们从来不会认为好莱坞电影中对情感的表达代表了电影制作在这方面的最高水平，我们也不会期望每一部艺术片都可以唤醒人们保护热带雨林的意识。

然而，当我们讨论游戏的时候，我们却还是把它们视为一个单一的概念。我们讨论游戏可以如何帮助教育，却从不讨论具体的游戏类型及其中的原因。我们担心暴力游戏会对年轻人产生不好的影响，却没有像区分电影那样——比如，阿诺德·施瓦辛格的电影、《发条橙》（*A Clockwork Orange*）以及兔八哥卡通片——来区分各种对战游戏及武器驱动型游戏之间的差异。

我相信现在是时候把游戏提升到这种高度了。为什么之前没有这么做呢？部分原因应归咎于我们这些游戏行业的学者们。我们总是顾不上以容易理解的方式为大众（那些非专业游戏开发者）分享自己的所学。还有部分原因应该归咎于这种媒介本身。伟大的游戏需要你花费很多时间去体验，真正精通它们甚至需要好几年。对于某些游戏，如果你的操作水平不够高，也许就无法真正欣赏到它们的魅力。与此同时，我们每个人对于游戏的认知也只是在一个随机而漫无目的的过程中建立起来的。如果你的年龄超过 40 岁，那么在你成长的过程中可能没有机会接触到那么多的游戏。即使游戏伴随了你的成长，你可能也只是对一部分的游戏类型特别熟悉。回到和电影的类比中，如果你看过的所有电影都是艺术类影片，那么在评价一部电影时，你的知识结构就是不完整的。我们从高中开始就会学习如何理解文学、电影或者音乐，但是学校里目前还没有介绍游戏的课程，也没有人用学习其他媒介的方法来教授相关的概念、方法和专业词汇，从而帮助我们更好地理解游戏。

为什么这样做很重要呢？因为如果我们现在不把游戏提升到这种高度，我们就将面临很大的风险。其中一个风险就好比把新生儿和洗澡水一起泼出去。漫画这种媒介就曾有过这种遭遇。因为它们起初只是给孩子们看的一种媒介，许多年来评论家们始终都只把它们当作颇有影响力的少儿读本。尽管今天我们能看到各种各样精彩的、感人的漫画，但它们走到现在是花了很长的时间、付出了巨大的努力的。

此刻，游戏行业正在发生着一场巨大的“文艺复兴”，出现了更多的游戏类型，并且游戏所表达的情感内容也更丰富了。但我们对于游戏的讨论总是跟不上这个行业飞快的变化，我不想看到这样的情况。我们需要能够像讨论艺术电影和独立电影那样去讨论艺术游戏和独立游戏。

另一个风险是，我们对公益游戏（为公益事业而设计的游戏）赋予了过高的期望——和很多非营利组织、健康机构及社会型企业一样，我们没有意识到糟糕的游戏设计连最基本的效果都达不到。为了实现学习、训练或者健康等设计目的，我们很有可能做出糟糕的、无聊的、没有吸引力的游戏。我们需要一些术语来分辨这些游戏——它们的作用是好的还是坏的？怎么分辨出这些好坏？是什么让它们发挥出好的一面？

在这本书中，我将会和大家分享游戏的一个方面：游戏如何创造情感，在这方面我已经进行了多年的研究。那些对游戏不了解的人经常告诉我，他们担心游戏会让玩家对周围的人感到麻木，会扼杀同理心，会创造孤独的、反社会的、不合群的一代人。在这本书中，我会证明事实是相反的：在创造同理心及其他强烈的、正向的情感体验方面，游戏其实扮演着非常重要的角色。这样的认知还没有成为常识，这让我感到悲伤，但也并不意外。毕竟需要通过一段时间的实际参与，才能逐渐看出游戏对玩家的情感所产生的正面影响。一个偶尔观看别人玩游戏的旁观者是无法看到这种品质的。然而，大部分人都没有时间让自己完全沉浸于游戏，或者掌握足够的技巧去充分体验游戏所带来的情感变化。目前我们真正需要的是有人用具体的例子来介绍游戏是通过什么样的方法影响了人们的同理心、情感及其与社会的联系。而这些将是你在本书中阅读到的内容。这本书也介绍了一些概念，用以清楚地阐释玩家们身上发生的情感变化，以及一些特定的游戏是怎样做到唤起玩家情感及其与社会的联系的。

第 1 章介绍了游戏特有的两种品质：选择和心流——正是这两种品质把游戏与其他的媒介区分开来。通过介绍玩家角色、非玩家角色（NPC）及单人游戏中的角色定制，你会了解游戏开发者们是怎样在这两个特质的基础上制作出能够唤起玩家情感的游戏的。

第 2 章则从单人游戏转移到社交游戏，介绍了在开发社交游戏时会用到的三个设计技巧——协同行动、角色扮演和社交场合。伴随着具体的事例分析，你会了解这三个技巧是如何让玩家角色和 NPC 之间产生情感羁绊的。

第 3 章则介绍了游戏设计者们如何通过身体动作来促进游戏情感的表达。

第 4 章则着重介绍远距离连接及网络游戏。

这些章节所涉及的游戏类型很广，既有流行的“AAA”游戏大作，也有一些艺术游戏和前卫的游戏。我希望这本书可以让读者们接触到更多不同类型的游戏及其体验，从而对游戏有广泛的认识、有更多探索未知的可能性。我希望这本书可以培养读者们用批判的眼光去鉴别游戏的能力，用书中介绍的分析方法去衡量那些号称以塑造玩家情感为目标的游戏是否达到了预期效果。我也希望这本书可以为游戏赢得更多的尊重。游戏是一种具有创新意义的、强大的媒介，它发挥着和其他媒体一样的作用——帮助我们了解自身，以及探索人类的意义。

目录

第1章　一系列有趣的选择：情感设计的构建模块

有人说游戏无法像电影一样影响人们的情感，我认为并不是这样——它们只是会给你一些不一样的情感体验。我从来没有在看电影的时候感到过骄傲或者内疚。

——Will Wright

《模拟人生》（*The Sims*）设计师[1]

如同那些扣人心弦的小说、电影和音乐一样，那些具有强吸引力的游戏并不是碰巧出现的。在这些媒介中，创作者们运用了明确的策略和技巧来创造一种特别的情感体验。这就像音乐家们可能会用一个小调或者慢一些的拍子来表达一种悲伤或者焦虑的情绪（至少在西方是这样子的），电影导演们会用特写镜头来创造亲密感。同样的，游戏开发者们也会用一些精心打磨过的技术细节来为玩家们创造一种特别的情感体验，比如《模拟人生》（*The Sims*）、《愤怒的小鸟》（*Angry Birds*）能让人感到标新立异、滑稽有趣，而《使命召唤》（*Call of Duty*）则给人高度的紧张感。与电影、小说或者音乐不同的是，目前为止在游戏设计师、玩家和整个社会之间都还没有出现一种共同的语言可以方便地解释玩家们在玩游戏时，他们的身心发生了怎样的变化？为什么会出现这种变化？这一章将会介绍游戏设计和游戏研究中用到的构建模块的概念，这些概念组成了一套共同的语言。我相信这些内容可以帮助我们深刻理解游戏到底是如何影响我们的情感的。选择和心流是游戏特有的两个品质，正是它们将游戏与其他可以影响情感的媒介区分开来。在此基础上，再运用一些引发社会情感的技巧，游戏就可以在创造共鸣和情感连接上发挥出强大的力量。本章还会介绍三个新的设计概念——玩家角色、非玩家角色和角色定制——这些是影响玩家社会情感的主要因素。

有意义的选择

从根本意义上来说，游戏和其他媒介最基本的区别是：它们为玩家们提供了通过自己的努力来影响结果的机会[2]。而电影、小说或者电视剧基本不可能做到这一点，只有极少的特例除外。读者们或者其他媒介的观看者们只能够跟随着故事的发展来做出情感上的反应，而无法对故事情节产生任何影响。在游戏中，玩家有这种独特的能力去影响游戏的走向。正如最畅销游戏《文明》(*Civilization*)系列的游戏设计师 Sid Meier 曾经说过的："一个好的游戏应该是一系列有趣的选择。"[3]

能够影响结果的操作——有趣的选择——给了游戏设计师们创造一系列新的情感体验的可能性。归根结底，这些可能性之所以存在是因为在日常生活中，我们的情感是和我们的目标、选择及选择的结果密切相关的，在游戏中也是一样。[4]当面临很多选择时，人们会经历一个快速和自动化的评估过程，来评估每件事情对他们的目标和计划会产生怎样的影响。在这个评估的过程中，情感会被激发，以引导做出快速、适当的行为。事实上，研究这一评估过程的心理学研究者们已经开始用电子游戏作为他们的研究工具，为的是严格控制形势，以及更好地证明不同的挑战和情感反应之间的特别关系。举例来说，在游戏中加入符合玩家目标的事件可以有效诱导玩家产生更多骄傲和愉悦的情绪，而增加与游戏目标相悖的事件则会引起玩家愤怒的情绪。[5]

事实上，当玩家们做出有意义的选择时，研究者们还观察了他们的大脑活动痕迹。神经心理学的研究者们曾经做过一个实验：他们让一些实验参与者自己玩游戏，而让其他人观看另外一个人的游戏直播画面（本质上和看电影是一样的）。研究者们用核磁共振的设备来观察每个人的大脑活动图像。和那些被动观看游戏的实验者相比，玩游戏的实验者拥有更加活跃的“奖励相关中脑边缘神经回路”——大脑中与激励、奖励相关联的部分[6]。和游戏的交互改变了他们大脑中呈现的活跃情感区域，这足以证明当人类进行游戏这一行为时，我们可以从中获得一种特别的回报和情感体验。

对于人类的大脑来说，玩游戏事实上更像是在参加一个跑步比赛，而不是看一场关于跑步比赛的电影或者读一篇关于跑步比赛的短篇小说。当我在跑时，我会做一系列行为的选择，而这些选择也许会影响我最终能否获胜。我会有一种掌控或者失败的感觉，这取决于我是否按照自己的意图成功执行了这些行为。最终，我会为结果承担责任，因为它是由我自己的行为导致的。正因为我在这个过程中扮演了活跃的角色——我自己做出了有意义的选择，所以在跑步这个单人体验中我可以收获一系列丰富的感受。在下面的小节里，我们会一起来探索游戏设计者们是如何围绕选择和控制所产生的感受来为玩家们打造出丰富的情感体验的。

心流

选择和控制自己行为的能力会引发游戏的第二个独特的品质：在感觉到轻松的情况下，玩家们会进入一个愉悦的最理想行为状态，心理学研究者 Mihaly Csikzentimihalyi 称之为*心流*。当人们处在心流状态下时，例如音乐家们在他们最佳的演奏状态时，运动员们处于身心合一的状态时，程序员们整夜没睡写出极具才智的代码的状态时——时间似乎融化了，个人的问题好像都消失了。那些设计优秀的游戏往往能够通过在虚拟世界中为用户们提供行为的控制感，从而稳步引导玩家们进入心流状态。

当 Mihaly Csikzentimihaly 和他的同事们在研究处于心流状态的人们时，他们提炼出了八个要素来定义这个最佳状态——对于任何曾经沉迷过游戏的人来说，都会对这些要素感觉熟悉。

- 需要技巧并且具有挑战的操作
- 动作与意识的配合
- 清晰的目标
- 直接的立即的反馈
- 专心于手上的任务
- 控制的感觉

· 自我意识的消失

· 改变了的时间意识

Mihaly Csikzentimihaly 深知心流状态在游戏（包括传统的和电子的）里所扮演的重要角色，在他的《发现心流》（*Finding Flow*）一书里，他把游戏——“经过几个世纪发展出来的，以丰富生活为目的创造出来的快乐的体验”[7]——称为人类获得心流体验的绝佳途径。

游戏设计师们——例如陈星汉，他的研究生毕业作品就研究了心流[8]——已经发现心流理论可以用来研究玩家在游戏中获得乐趣的原因。在陈星汉的游戏设计实践过程中，他有意地尝试去获得心流的这八个要素。以此，他开发出了一些有名的、让人沉浸的游戏，比如《旅途》（*Journey*）（第 4 章我们会讨论到）。陈星汉相信心流理论可以为游戏设计者们提供一个工作的模型，鼓励设计师们让玩家保持在一个愉悦的状态下。在这个状态下，玩家们有足够的能力去完成手中的挑战。能力太弱会导致焦虑和沮丧；挑战太小则会导致无聊和冷漠（见图 1.1）。

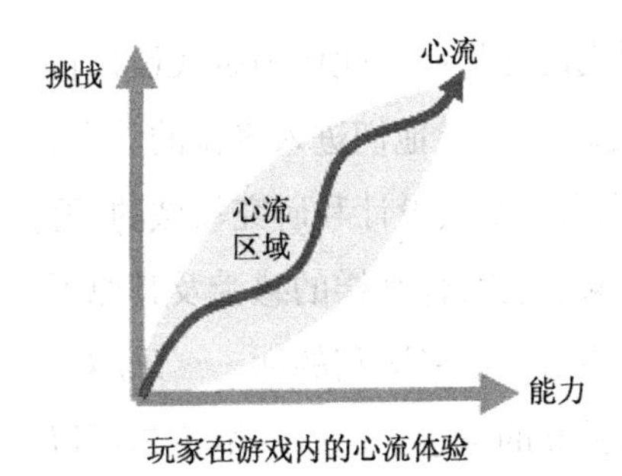

玩家在游戏内的心流体验

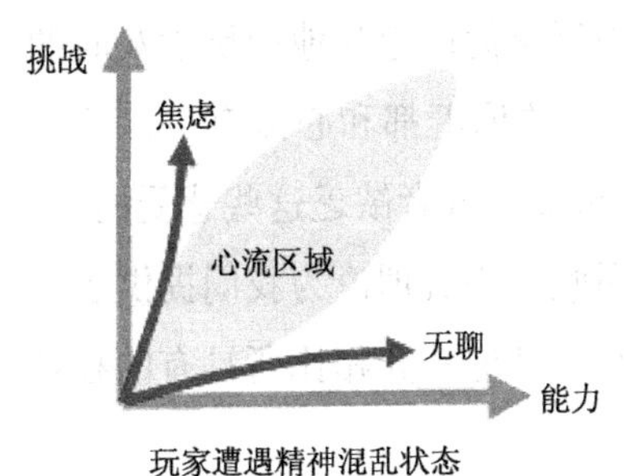

玩家遭遇精神混乱状态

挑战
硬核玩家
新手玩家
心流区域
能力

不同类型的玩家和他们的心流区域

图 1.1

陈星汉得出的“心流区域”的图表

来源：陈星汉，*Flow in Games*，MFA 毕业论文，南加州大学，2006，http://www.jenovachen.com/flowingames/Flow_in_games_final.pdf

现在，越来越多的游戏设计师们以此作为游戏设计目标：为玩家们提供有趣的选择，引导他们进入愉悦的状态，产生心流。心流理论已经成为了游戏设计和研究领域的“万能钥匙”。当我们讨论玩家们会有什么样的感受及其原因时，我们不再感觉到模糊不清。如果顺利的话，“乐趣”这个概念也将细化为更加微妙的情感，而这些情感是可以通过设计选择来实现的。当玩家们讨论起他们玩游戏时的情绪感受时，[9] 大部分被提及的词汇都和心流有关，例如好奇、兴奋、挑战、得意、鼓舞，或者缺乏这些感受的词，例如沮丧、困惑、气馁。因此，心流理论为我们提供了一个很好的透镜，来理解游戏和其他媒介相比所具有的独特情感力量。

社交情感

当设计师为玩家提供有趣的选择并让玩家沉浸在心流中时，他们也可以激发玩家一系列的其他情感——那种我们在和其他人的交往中会体验到的丰富的社交情感。在 20 世纪 80 年代，刚刚起步的游戏公司 EA 发布了一条员工招募广告，标题是“一台电脑可以让你哭吗？”[10] 后来这一短语成为了一些游戏行业从业者的战斗口号，他们希望在游戏中为玩家们创造社交情感，比如喜爱之情、友情、同情，甚至是悲痛和哀伤之感。[11]

鉴于其他媒介所能够引起的情感，EA 提出这样的问题并非不合情理。比如，电影和小说就可以引发强烈的社交情感。人们阅读、观看或者倾听，渐渐沉浸在被展示或描述的场景里，然后感觉到自己似乎就在那儿。他们开始关心角色和情节，就好像这些都是真的一样。为电影或者书中发生的事情而哭泣并不是一件不正常或者丢人的事情。

同样，一些观影者或读者在经过了一段时间之后确实会对角色产生强烈的情感依附，这种现象被称为拟社会互动[12]。媒体创作者们鼓励这种强烈的情感牵绊，他们通过有策略的设计来培养这种关系。例如，电视主持人有时会直接与观众对话来产生一种亲密无间的感觉。同样地，电影导演们经常用近距离拍摄的手法来让观众们产生自己和主角很亲近的感觉。这些技巧放大了人们对于虚拟人物和故事的认同感。

心理学领域的专家们认为，这些技巧之所以有用是因为它们模仿了大脑对日常周围世界的认知方式，也就是基础认知。他们假定，在任何时刻大脑都会将我们正在经历的东西和我们曾经的经历相比较（不管这种经历是真实的，还是媒体创造的），然后在符合以往经历的基础上做出一系列情感和认知上的反馈。[13]所以，如果我们看到或听到（或在脑海里浮现）一个人在社会场景里经历的情感，我们自己也会沉浸其中，我们的大脑被欺骗了，它会认为一个真实的社会经历正在发生。当然，我们是自愿沉浸在这种错觉中的——它允许我们去经历另一种人生，同时也组成了我们自己人生经历的一部分。

这种传统，从最早口口相传的故事开始，一直都是分享情感、智慧和经历的一种有效的方式。然而，在除了游戏之外的任何一种媒介中，我们都只是观众，不是演员，不能左右呈现在我们面前的故事的结局。

基础认知理论可以帮助解释为什么游戏可以尽可能多地给玩家们提供不同的情感经历：因为在游戏世界里他们可以扮演另一种角色，面对另一种社会环境。接下来的这个例子可以用来解释本章题记中 Will Wright 说的那句话（那是他第一次玩《黑与白：神兽岛》（*Black and White: Creature Isle*）[14]时写下的感受）。Will Wright 是《模拟人生》这个游戏的设计师，这是一款畅销的 PC 端游戏。在这个游戏中，玩家拥有一个可以被训练的生物，它在游戏中扮演玩家和村民们交流的中间人。如果玩家用不好的方式对待它，它就会变成一个邪恶的生物；反之如果玩家用好的方式对待它，它就会变成一个有道德的生物。因为好奇心的驱使，Wright 想看看用不好的方式对待它会产生怎样的结果，于是他开始扇打他的生物。然后他吃惊地发现自己感觉非常罪恶，即使他很明确地知道对方并不是一个有情感的真实生物。这种通过虚幻的经历来引发真实罪恶感的能力是游戏独有的。一个读者或观影者在面对书页上或屏幕上可怕的虚幻行为时，会产生很多情绪，但责任感和罪恶感往往并不在其中。他们最多会感到一丝丝不舒服的共谋感。当电影主角获胜时，一个观影者也许会感到愉悦，但不太可能产生个人的成就感和骄傲感。而在游戏中，因为这些感觉来源于玩家自己的选择，所以他们在处理这些选择的过程中会产生一些额外的社会情感，就像是一块情感调色板一样。

游戏是怎样通过有趣的选择和心流状态来影响玩家们的社会选择及结果的？ Brenda Brathwaite Romero 的游戏《火车》（*Train*）是一个精妙的例子（见图 1.2）。这款桌面棋盘游戏是 IndieCabe（美国独立游戏展示的集中营）先锋奖的获得者，也是 Romero 的“Mechanics Is the Message”系列游戏的一部分（Mechanic 是指玩家可以通过自己的行为改变游戏状态的一种游戏机制[15]）。她创作这一系列游戏的目的就是为了引发一种在其他媒介中很难产生的情绪——共犯关系。[16] 在《火车》这个游戏中，玩家们需要移动装满了乘客的货车车厢，把他们从一个地方运往另外一个地方，途中会遇到障碍和挑战。只是到了游戏结束的时候，他们才会知道火车的终点是奥斯威辛[注1]。一些玩家在游戏的过程中意识到了什么，他们开始把注意力转为尽可能多地去拯救那些乘客。不管他们是否在游戏过程中意识到了正在发生的事情，几乎所有的玩家在体验完游戏的结局之后都有非常强烈的情感触动。Romero 说："从根本上来说，我认为游戏的魅力在于它可以让我们离游戏的对象很近。没有任何一种其他媒介拥有这种能力。我看到人们在《火车》前面哭泣，不只一次，而是很多很多次。那些看着或玩着这个游戏的人，那些试着去拯救这些乘客的人——这是一种强大的力量，而正是游戏这一媒介产生了这种力量。"[17]

在《火车》这个游戏中，Romero 通过将玩家的两种情感并置在一起创造了一种紧张感。第一种情感是因为玩家可以掌握系统和游戏的规则而获得的满足感和心流体验；第二种情感是玩家行为在游戏所基于的社会背景下所产生的负面感受。就这一点而言，《火车》这个游戏可以看作是在那种真实的历史场景下发生的，玩家能体会到那种类似的痛苦和可怕的感情。

注1：纳粹德国时期建立的劳动营和灭绝营之一。——译者注

图 1.2
Brenda Brathwaite Romero 的游戏《火车》
来源：*Train*（仅展示，2009）；感谢 Brenda Romero 提供图片

“Mechanics Is the Message” 系列里的其他棋盘游戏也同样简单朴实，鼓励人们关注能够产生共谋感的游戏系统和规则。这些游戏很好地展示了游戏的魅力，不管是数字或者非数字的，游戏通过选择及其结果触发了人们深层次的基于社会的情感。

玩家角色——可以被移情的主角

从古希腊剧场时代开始，[18] 或许更早，故事创作者们就已经能够塑造出观众或者读者们可以认同的特殊角色，然后通过他们的视角来讲述剧情——这种角色就是故事的主人公。游戏设计师们采用了这种技术并把它运用在游戏中，使得玩家在游戏里也可以获得一种身份认同感。在游戏中，主人公被称为玩家角色或者化身。就像电影中的主人公一样，玩家通过角色的外形以及和其他角色的互动关系来了解这个化身（与玩家互动的角色可以是电脑虚构出来的，玩家可以与之互动，就好像是和真人玩家在游戏世界中的互动那样）。然而，玩家在游戏中经历的事情，以及在不同心理层次上的变化也会体现在化身角色的个人属性和能力上（见图 1.3）。玩家在游戏世界中通过这个化身来实现一系列的行为：解决他的烦恼，挣扎着向目标前进。玩家在控制化身角色时，通过四个方面让自己投入到角色中：本能、认知、社交和幻想。玩家的虚拟身体有着特殊的能力和倾向，是执行动作的一种工具。随着时间的积累，玩家掌握的技能和力量会反映在游戏里的虚拟身体上（这是本能层面的体验）。根据设计师们为游戏设定的机制和结果，玩家选择某些策略、行动或者反馈会优于选择其他的那些（这是认知层面的体验）。投入于游戏主角的社交角色允许玩家去尝试一些他们在现实生活中不太可能拥有的社交属性（提供了社交层面的体验）。所有这些基于选择的设计综合起来，让玩家可以通过游戏的体验来探索另一个可能的自己（提供了幻想层面的体验）。经过长时间的游戏，玩家们会把自己的动机与本能、认知、社交和幻想四个层面的可能性渐渐融入到游戏角色上，基于观察、行为和体验，获得一种身份上的认同感。[19]

图 1.3

和其他媒体中的角色相比，玩家会更深地投入到游戏角色中去，因为游戏角色能在多重心理层面上提供行为的可能性

来源：Katherine Isbister, *Better Game Characters by Design: A Psychzlogical Approach* (Boca Raton, FL: CRC/Morgan Kaufmann, 2006)；感谢 CRC Press, Taylor & Francis Group 提供图片

让我们用一款滑雪游戏来举例说明（见图 1.3）。在游戏中，玩家本能地觉得自己就是那个滑雪的角色。通过她的控制，她可能会有一种自己正在虚拟场景中跳跃的身体上的感知。她能听到自己的滑板滑行的声音，以及在她做出跳跃动作之后滑板落地时那啪的一声。如果这个游戏用的是第三人视角（所谓*第三人视角*就是你可以看到游戏角色的运动过程，就像通过一个悬挂在上面和后面的摄像机看到的一样），玩家就可以看到游戏角色做出的完美落地动作或者歪了一点然后进行调整的过程。在身份认同的认知层面上，玩家会做出她认为对的决定，选择在哪个跑道上滑行或者要采取哪些行动，等等，而玩家做出这些决定是基于她对游戏主角的强项和各种可能性的考量。她可以为了游戏中的虚拟观众们做出夸张的动作，就好像她真的是那个滑雪运动员一样（社会认同）。所有这些都让她得以享受游戏的过程，体验做一次冠军滑雪运动员的美好幻想——赢得比赛，征服群山。

玩家通过游戏角色把自己和虚拟形象联系起来，这种现象标志着游戏带给媒介的一种核心创新，一种引发情感的超强力量。让我们一起来看一款和《火车》有着相同情感作用的游戏，而且由于借助电子 设备，它还有着《火车》所没有的强大魅力——玩家角色。

《韦科复活》（*Waco Resurrection*）是一款让人着迷

而又不安的游戏，游戏的主题是1993年的德州韦科包围事件。在这个事件中，政府派出了联邦特工人员来对付位于美国德克萨斯州的大卫教派成员和宗教组织成员。游戏的设计师们来自洛杉矶的一个顶尖艺术家创作团体，他们开发这款游戏是为了满足艺术画廊风格的布置需求。玩家在游戏里扮演教派的领导David Koresh，他必须保护大卫教派成员，抵御来自政府的特工。用来开发《韦科复活》的游戏引擎（一种软件框架）原本是用来开发射击游戏的，因此游戏的画面和感觉、游戏支持的玩家动作类型都像极了玩家们之前体验过的其他射击类游戏。在游戏中，玩家可以体验到典型的射击游戏玩法，比如在室内和室外的移动过程中开枪并杀死其他的游戏角色，同时玩家还必须去领导团队中的其他大卫教派成员。

游戏的声音背景使玩家本能上更沉浸于游戏体验：在不同的地点，玩家可以听到FBI谈判代表的声音、战斗的音效，甚至是上帝的声音。设计师们在游戏中运用了在真实事件中FBI特工们发动袭击来扰乱教派成员们的录音音效（钻头的声音、动物的尖叫声，等等）。

玩家在《韦科复活》这款游戏中用的是第三人视角（见图1.4a）。许多射击游戏为玩家呈现的是第一人视角，这意味着玩家在游戏中移动时可以看到所有的事物，就好像是真的通过游戏主角的眼睛看到的那样，包括看到自己手中拿着枪并射击的样子，仿佛是用自己的周边视觉看到的一样。关于在游戏中应该使用角色的第一人视角还是第三人视角，以及何时使用它们，这一争论在游戏设计社区里从未停息过。有些玩家报告说第一人视角有助于他们完全沉浸于自己的另一个身份（游戏角色），有些观察者感觉第一人视角的射击游戏很有可能引发真正的暴力。[20]在《韦科复活》中，第三人视角有助于持续地提醒玩家他们在游戏中应该扮演的是谁。

游戏的设计者们要求玩家们在体验过程中带上传统的头盔，以此来增强玩家和游戏角色之间的关联（见图1.4b）。在外形上，这些头盔看起来就像是Low-polygon版本（不那么丰富和精致）的David Koresh的头和脸。从画廊的布置来看，这些头盔也有利于让玩家们免于在观看者面前暴露自己的真实身份，他们的头部将被一个让人毛骨悚然而又看不清的Koresh的头遮挡。一个内置在头盔里的微型麦克风允许玩家大声说出一些关键短语，从而在游戏中使用一些特殊能力。比如，说出“神之愤怒”，一本本燃烧的圣经就会像雨滴一样从天而降，杀死玩家周围的每一个人；说出“枪支表演”，玩家的周围就会出现一圈AK-47，围绕着玩家扫射周围的一切。语音控制让玩家和角色的关系变得更加直接和亲密，与游戏里角色的选择和（想象的）精神状态更加贴近。

a

b

图 1.4a,b

在《韦科复活》中，玩家扮演教派首领David Koresh的角色。游戏在画廊展示的时候，玩家会戴上David Koresh 头盔，让他们的脸和麦克风置于其中。(Eddo Stern, *Waco Resurrection 2003-2004*, web video, 2:49, http://www.eddostern. com/video/wacobroadbandlow.mov)

来源：*Waco Resurrection*(c-level, 2004)；感谢Eddo Stern提供照片

Eddo Stern 是游戏的创作者之一，在谈及游戏的魅力时他曾这么说：

> 和其他游戏相比，围绕一个真实的历史事件做游戏的区别之一就是身份认同和暗示的天然属性。游戏要求用户去扮演，因此他们控制的游戏角色的行为自然会影响到玩家。这是非常明显的，也创造了新的情感体验。想象一下这三者的区别：一篇关于希特勒的文章 vs. 由一个演员扮演希特勒的科幻电影 vs. 玩家扮演希特勒的一款游戏。我们最常听到的关于《韦科复活》的批评就是游戏的品味不好，游戏是剥削性的，游戏是赞成大卫教派的，是赞成 Koresh 的。这些关于坏品味和剥削主义的批评来源于人们很难相信这款游戏制作基于的事件是如此真实严肃，其立场还那么模糊。第二种批评是说游戏把 Koresh 作为主角——游戏中的英雄——其政治立场是扭曲的。这种批评是游戏独有的问题，一部关于希特勒的电影或者关于 David Koresh 的电影应该不太可能引发这样的批评。[21]

让玩家们扮演这个事件的核心人物——教派领导——是为了让人们能够亲历这一历史上知名的极端心理现象的独特方法。游戏的设计者们把 Koresh 看作是当前（2004年）

政治格局的矛盾体现——他既代表被围困的其他宗教，也代表新保守主义千禧年愿景的合理延伸。他们把韦科当作一个美国恐惧的原始版本：幻想中的世界末日（可以追溯到 Jonathan Edwards 时代的美国传统故事），以及对抗其他的异教徒。[22]

《韦科复活》在媒体艺术领域最具声望的活动之一——奥地利电子艺术节——上获得了荣誉提名。这些艺术家们探索了电子游戏在引发认同感和模糊身份方面的能力，这是前所未有的创新。他们的作品超越了简单老套的游戏模板，让玩家感到心神不安，留给他们一种丰富的、未解决的情感反馈。《韦科复活》也发掘了游戏在重启历史文化问题或者事件方面的潜力，让玩家可以身体力行地重新探索它们，获得更深刻的理解和持续的对话。该游戏充分发挥了游戏角色的强大魅力，让玩家（及观众）投入到游戏的对话及其所描绘的整个历史事件之中。

《韦科复活》原创性地使用了稍许让人有点不安的角色，带领玩家们进入了一个声名狼藉的叛逆者的思维。与之截然相反，《小贩人生》（*Cart life*）则描绘了平凡的日常城市生活，让玩家们的情感栖息于那些原本完全被忽略的生活细节之中。根据其开发者 Richard Hofmeier 的说法，这款游戏被设计为一款微软平台上的零售模拟游戏，[23]然而该游戏在2013年旧金山游戏开发者大会（GDC）上斩获了包括最佳叙事奖在内的三个独立游戏大奖。有一位游戏记者这样描述它：

> 一个年轻的妈妈努力养活她的女儿；一个乌克兰移民希望开启一段新生活；一个游历广泛的百吉饼厨师，他因为食品服务业的紧张节奏而无暇离开自己的食品小摊。《小贩人生》里的主人公们绝不是传统电子游戏里的主角，他们是在这个世界上艰难地努力活下去的普通人。通过把玩家置于这三个人的生活处境并与之分享他们面临的挣扎，《小贩人生》变成了一首赞扬普通人为了生活而日夜努力、克服生活磨难的感人颂歌。[24]

玩家可以选择三个小贩之一来扮演，然后必须参与到摊位的经营中，包括上下班通勤、管理库存、和顾客聊天之类的（见图1.5a–d）。每一个小贩也必须克服自己面临的挑战。比如，Melanie经营着一个卖咖啡的小摊，她既需要钱来进行孩子抚养权的争夺，同时也需要每天去学校接女儿Laura放学。玩家在接送Laura的路上和回家的陪伴中会渐渐和她熟悉，然后通过每天的决定来平衡Melanie的生活目标。

a

b

c

d

图 1.5a–d

《小贩人生》：(a) 综述，(b) Vinny(三个可选的玩家角色之一) 的介绍，(c) 购买补给品，以及 (d) 准备百吉饼

来源：*Cart Life*（免费软件，2011）；感谢 Richard Hofmeier 提供图片

Hofmeier 强调他是故意要打造一种真实生活的体验：“我希望做一款尽可能真实的游戏。虽然我有时会听说大部分的游戏玩家都是成熟的，但我并不相信。当我是一个孩子的时候，我就希望能有一款这样的游戏——我想要学习怎么生活。” 为了确保游戏中的细节都是正确的，他还去街边的小摊上采访小贩们，了解他们的生活。[25] 值得注意的是，他并没有用高精度的图像来表达这种情感上的

真实体验——游戏的美术风格是灰色像素化的风格，而游戏的音乐有一种芯片曲调的美感（一种尖锐刺耳的合成音效，像老式游戏机里发出的那种缺少复杂立体声输出的音乐）。

《小贩人生》很巧妙地引发了玩家们这样的情感：虽然时间总是不够用，但在小贩们的日常生活中也闪耀着和顾客们、亲属们、朋友们的美好时光。许多主流商业游戏会让玩家扮演英雄式的、高于生活的角色，《小贩人生》则把玩家深深地带入到了普通人的生活中，而且仍然创造出一种融合挣扎和喜悦的情感，以及人与人之间的联系。《小贩人生》展现的审美技巧和人类题材帮助阐明了一个事实：在某种程度上，通过巧妙的游戏主角的运用，以及非玩家角色的选择，今天的独立游戏可以带给玩家们更广阔的情感土壤。

非玩家角色——活着呼吸着的游戏世界中的其他人

单人游戏并不意味着游戏里只有你一个人。事实上，电子游戏里经常包含虚拟的活着呼吸着的其他人，他们提供帮助、阻力和地域色彩。游戏设计师们通过让玩家们与这些生活在游戏世界里的角色进行互动，从而丰富游戏作为一个媒介的情感调色盘。在电影中，观众们可以通过主角和电影中其他人物之间的互动来认识主角。在游戏中，玩家自己就可以和其他人互动——花费数小时和他们一起旅行，努力营救他们，有时也会遭遇他们的背叛而丢失自己亲手赢得的土地。在游戏中，一个非玩家角色可以在艰难前进的时候讲一个笑话来活跃气氛，可以在千钧一发的时候提供帮助，甚至可以牺牲自己来让玩家得以继续游戏并获得胜利。这种和虚拟角色的动态互动是引发情感的根基，就好像 Wright 因为扇打他的生物而感到罪恶一样。这些与 NPC（非玩家角色）们的互动让玩家们的感情从类社交跨越为伴随丰富社交情感和行为的重要社交体验。

我在斯坦福大学的研究论文论证了与 NPC 们进行互动的魅力。[26] 当时我正在研究关于 NPC 所展示出来的支配或者顺从的个人形象是否会影响他们在团队中的说服力的问题。在这个研究中，我们邀请了参与者来进行一个名为沙漠生存问题的实验。他们被告知想象自己乘坐的小飞机在沙漠中坠毁了，飞机上的物件——类似一个压缩包、一本书、一件雨衣之类的东西——凌乱地散落在他们身边。他们需要根据对于生存的重要性对这些物品进行排序。然后，每个人都会和一个非常简单的 NPC 进行一次“对话”，这个 NPC 会尝试着说服他们去改变物品的排序（见图 1.6）。

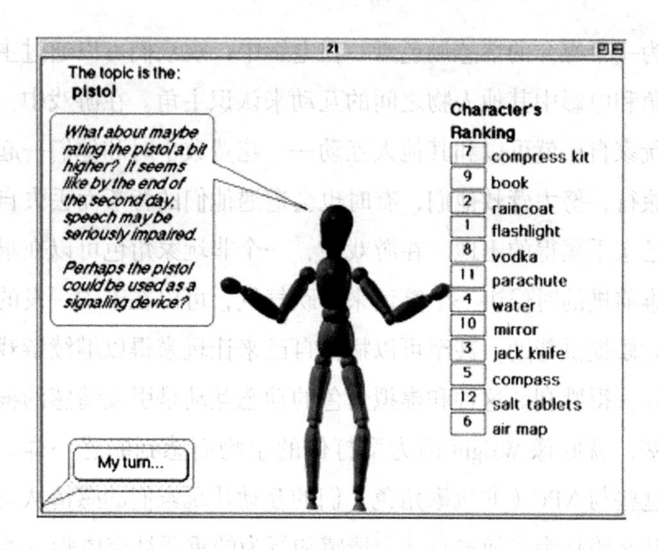

图 1.6

在沙漠生存任务中为了改变物品排序而尝试给出建议的 NPC

来源：Katherine Isbister, *Reading Personality in Onscreen Interactive Characters: An Examination of Social Psychological Principles of Consistency, Personality Match, and Situational Attribution Applied to Interaction with Characters,* 博士论文，斯坦福大学，1998

NPC 们通过他们的身体姿势和他们给出建议时的用语措辞来透露“顺从”或“支配”的意愿和迹象。比如，在图 1.6 中，NPC 展示出的是一种支配的姿势（手臂张开），但使用的语言带有忧郁、顺从的感觉(“也许是”和“或者”)。在研究中有四个版本的 NPC——完全支配、完全服从，以及两种混合版本：支配的姿态搭配顺从的语句、顺从的姿态搭配支配的语句，但每个人只能看到其中一类。和真实人类的反应一样,和混合类型NPC交流的人较少被影响到,他们对物品排行进行了较少的改动。在真实生活中，语言和非语言的行为所展现的一致性是和诚实、信任相关的。而在和虚拟的人类进行互动时，这些类型的反馈也同样适用，这实在令人吃惊。[27] 从某种程度上来说，NPC 们展示出的是与人类相似的行为和反应，所以我们和他们互动时遵循的也是社会准则和直观的情感反应。这意味着游戏设计师们可以通过利用玩家和 NPC 们产生的情感关联来为玩家创造更多更丰富的情感。

2008 年，我和我的一个学生 Corey Nolan 就“游戏中的哪些时刻让你真的哭了”这一主题对玩家进行了调研(从某种意义上来说是对 EA 那个广告的回答）。而回答最多的都是与 NPC 们的死有关的时刻，因为在游戏的过程中玩家们花了很多时间和他们在一起。玩家们因为失去了珍贵的、值得信赖的伙伴而哭泣不已。[28] 在我们的调查中，被提及最多的是 1983 年开发的一款纯文字互动科幻冒险游戏，名为《堕落星球》（*Planetfall*）。在这个游戏里，玩家花很多时间和一个叫 Floyd 的 NPC 机器人在一起。正如 *Creative Computing* 杂志为这款游戏写的评价那样：“整个游戏最富想象力且最巧妙的部分就是 Floyd。除了贯穿大半个游戏的歇斯底里的搞笑之外，Floyd 获得了《堕落星球》的玩家们真实的喜爱和依恋之感。” [29] Janet Murray

在她的游戏方面的著作 *Hamlet on the Holodeck* 里指出：“机器人 Floyd 的自我牺牲，这段记忆在很多年后依然停留在玩家们的脑海中，就好像这是他们亲身经历过的事情一样。‘他为了我而牺牲了自己’，一位玩过这个游戏的 20 岁玩家是这样对我描述的。”[30]

熟练的游戏设计师们会在 NPC 上赋予一系列精妙的社交提示来让玩家产生情感，让 NPC 和玩家、主角之间产生强大和持续的社会关系。比如，在游戏《安静》(*Hush*)中，设计师 Jamie Antonisse 和 Devon Johnson 利用了人类最强大的关系之一——母亲和孩子，以及情感上最难以抗拒的声音之一——婴儿的哭声，创造了一个简单、带一点模糊虚化效果，但非常有感染力的游戏（见图 1.7）。作为这两位设计师在南加州大学读 MFA（艺术硕士）学位的一个课程作业，《安静》让玩家在游戏里扮演卢旺达图西族的一个母亲 Liliane，她必须对自己的孩子“唱”一首摇篮曲来让孩子保持安静，否则孩子的哭声会吸引胡图族士兵们的注意，给他们带来杀身之祸。玩家必须根据出现在屏幕上的字母按下键盘上相同字母的按键。那些字母会慢慢地出现，亮一下，便消失了。在那个恰当的时刻按下按键可以让事物保持安静。如果玩家失败了太多次，婴儿的哭声会愈加响亮，玩家会看到士兵们的影子，最后听到母亲的喘气声、枪声，屏幕会慢慢变红，预示着母亲和孩子被发现了。尽管（或许也正是因为）游戏的美术设计极其简单，玩家会深深陷入到照顾孩子的责任感中，为一旦失败可能会造成的严重后果恐惧不已。

图 1.7

在《安静》这个游戏中，玩家必须安慰一个婴儿，让他保持安静从而躲避外面的士兵

来源：***Hush***（免费版本，2008）；感谢 Jomie Antonisee 和 Devon Johnson 提供图片

在游戏的过程中，玩家对孩子这个虚拟角色的关心让玩家获得参与感和投入感，并让玩家对“卢旺达大屠杀”有了强烈的切身感受。游戏选择让玩家来扮演一个人人都可以理解的原型角色（母亲），还有一个在本能上和玩家角色能够自然联系的NPC（婴儿），以及一个熟悉的行为（唱摇篮曲），这些都让玩家可以很容易地沉浸到游戏中并且获得身份认同感。在游戏的过程中，玩家也渐渐在情感上

卷入了这场冲突，为它的后果感到害怕。Bogost、Ferrari和Schweizer[31]把这样的游戏称为社论游戏——为了在某些方面说服玩家而设计的游戏（在这个案例中是指让玩家们关心和注意到在遥远的地方发生的一场真实世界的斗争对人类造成的巨大灾难）。“游戏为了改变”运动的拥护者们提倡为了促进某些方面的社会公益、影响玩家的行为和成长而设计游戏，他们相信通过角色扮演所获得的沉浸体验及身份认同感也许可以成为影响年轻一代的重要途径。年轻一代的观众对电视、报刊、杂志等传统信息渠道的关注正变得越来越少。

游戏《爱相随》（*Love Plus*）则用NPC们创造了另外一种充满感情的社交互动——求爱。在类似《爱相随》（虽然在美国没那么出名，但在日本非常知名）这样的恋爱模拟游戏里，玩家要努力吸引一个游戏NPC（通常是女性）来让她和自己“约会”。根据游戏的具体类型（从纯洁到色情，种类不一），游戏的结果可能是一段美好的浪漫关系，也可能是真爱，甚至可能是虚拟的性爱。为了吸引他们的恋爱对象，玩家会努力在游戏中提升自己的个人品质。与此同时，他们还需要小心选择自己的行为和话语来打动她，一旦对方承认自己被打动了，玩家还需要维护这段感情。有些恋爱模拟游戏是和现实时间绑定的，它们允许玩家依据现实时间提前安排自己的游戏行为和次数。有些游戏提供了其他的输入方法，比如语音或者屏幕触摸等。

《爱相随》的游戏背景是一所高中，在游戏开始时，你可以在三个女孩中间选择一位进行追求，她们的名字分别叫 Nene、Manaka 和 Rinko（见图 1.8）。在餐厅做兼职的时候你会遇到 Nene，她是大姐姐类型的女孩；在网球俱乐部里你会认识 Manaka，一个比你大一届的运动型白富美；你的第三个恋爱人选 Rinko 比其他两个女孩更年轻、害羞，在图书委员会遇到你时，她有一些冷淡。（作为玩家，你没有预设的名字，游戏会用第一人称来指代你。不过你可以添加昵称，等她们对你更加熟悉之后，有可能用你的昵称称呼你。）

图 1.8

《爱相随》是一款发布在任天堂 DS 平台上的日本恋爱模拟游戏，有三个女性角色可供玩家选择，以尝试建立一段恋爱关系

来源：*Love Plus 3DS*（宅男游戏 / 科乐美，2009）

游戏有两个阶段。在第一个阶段，你要决定到底追求三个女孩中的哪一个，然后开始着手追求她（见图 1.9 a,b,c）。在第二个阶段，一旦你赢得了她的爱，你就要努力维系好这段感情。在追求的阶段，你有 100 天时间来赢得她的芳心。你每天都可以选择四个行动，有些可以打造你的个人属性（健康、知识、感性和魅力），有些则能创造你和三个女孩接触的机会。在过了追求期之后，你会渐渐获得更多的途径来和自己喜欢的那位女孩进行更丰富的交流。比如，她会给你电话号码来让你给她发短信，和你一起走路上下学。有一位评论者这样描述：

> 女孩和你日渐亲近的过程真的很有趣。刚开始，我在学校看到 Nene，我会主动打电话找她聊天。随着时间一天天过去，她变成了那个来主动接近我的人。开始时，我是那个提出放学后一起走的人，但后来她成为了那个“主动出击”的人。还有，到了 40 天之后，她会出现在我早上上学的路上，而在此之前似乎从未发生过这样的事情。这就是《爱相随》令人印象深刻的地方，每一个这样的事件都有独一无二的对白。是的，即使是走路上下学这种重复发生的日常事件，或者是在学校或者晚间发生的闲聊，和她谈话的内容总是不一样的。[32]

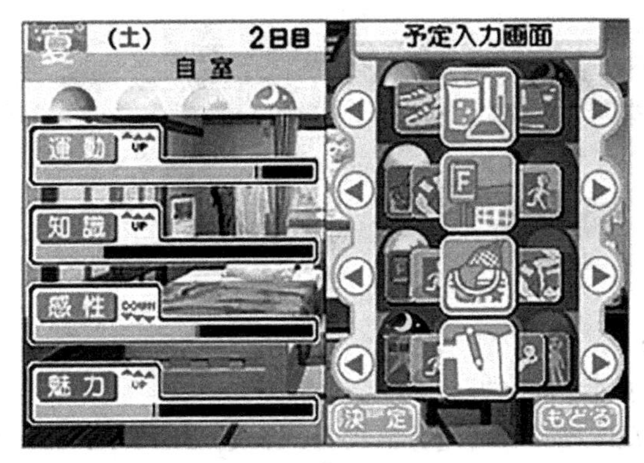

a

b

图 1.9a,b

游戏《爱相随》中的追求阶段，玩家在这个阶段决定每天要采取哪些行动才能赢得那个女孩的芳心

来源：*Love Plus 3DS*（宅男游戏 / 科乐美，2009）；bluemist, *Love Plus: Impressions*, bluemist, September 5, 2009, http://bluemist.animeblogger.net/archives/love-plus-1/; 感谢 bluemist anime blog 提供图片

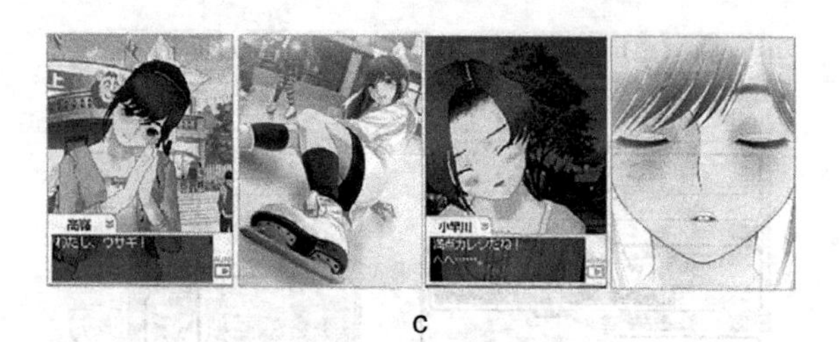

c

图 1.9c

一个玩家追求 Nene 时的场景

来源：*Love Plus 3DS*（宅男游戏 / 科乐美，2009）；bluemist, *Love Plus: Impressions*, bluemist, September 5, 2009, http://bluemist.animeblogger .net/archives/love-plus-1/; 感谢 bluemist anime blog 提供图片

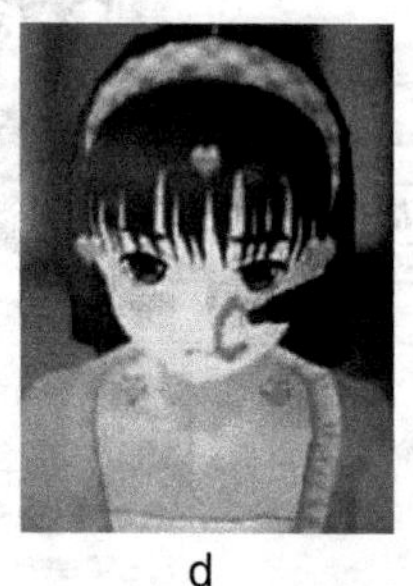

d

图 1.9d

在《爱相随》中玩家可以用触控笔模拟自己对恋爱角色的热吻

来源：*Love Plus 3DS*（宅男游戏 / 科乐美，2009）；bluemist, *Love Plus: Impressions*, bluemist, September 5, 2009, http://bluemist.animeblogger .net/archives/love-plus-1/; 感谢 bluemist anime blog 提供图片

一旦你的甜心跟你告白她喜欢你，游戏就会进入到第二个阶段，你要努力维系住她对你的喜爱。你可以通过游戏内的互联网来了解当地发生的事情、新闻及适合约会的地点，或者通过地图发现酒吧和餐厅。刚才那位评论者对这一阶段的描述如下：

> 这个阶段增加了更多的可玩性。除了发送短信的系统，当你想要和她见面聊天和“拥抱”，或者安排（或取消）一个“约会”时，你也可以“打电话”给你的女朋友了。我和 Nene 已经去过卡拉 OK 酒吧两次了。虽然每次都有一些重复的对话，但也有让我感到惊喜的独特之处。第一次约会的时候她没有唱歌，但第二次她就“唱”了很多。哇塞！[33]

《爱相随》是为任天堂 DS 游戏机特别设计的，它有一个触摸屏和触控笔，还有一个内置的麦克风。它们在一定程度上改变了你和你的女朋友交流的方式，甚至可以通过使用触控笔完成一个古怪的动作来实现“接吻”（见图 1.9d）。当角色被亲吻之后，会咯咯地笑，表现出羞涩和可爱之情。[34]

《爱相随》模仿了坠入爱河的场景和细节，认识某个人，想办法吸引她，然后等待她给予爱的回应。游戏中展示的场景包括学校走廊、网球场以及其他青少年爱情有可能发生的地点。在美国媒体文化中能够与之类比的也许就是浪漫小说了，这种小说允许读者体验到一种“准社会”浪漫——安静地近距离观察两个角色如何走到了一起。而在这个游戏中，玩家能够参与到这个过程中。得益于游戏对NPC们的巧妙使用，当玩家在和甜心们进行日常互动时，人类大脑可以在这些小的行为和反应中获得一种亲密的体验。

事实上，游戏中的这种经历感觉起来是如此真实，以至于一些玩家对它的喜欢胜过对真实世界的浪漫关系的喜欢。2009 年，一个《爱相随》的玩家在关岛被证实和游戏中的三个女孩之一 Nene 正式结为了夫妻。[35] 这个自称“Sal 9000”的玩家似乎清楚地知道这个选择的荒谬性，但同时他也迷恋这种现实与虚拟模糊不清的身份和恋爱关系（见图 1.10）。《爱相随》的开发者们也有意利用这种界限（虚拟与现实）的模糊不清来提升游戏的销量。在2010年，他们还和海滨度假胜地热海市（也出现在游戏中）达成合作，为玩家们提供特别的“双人”宾馆房间，以及与真人大小的游戏角色模型合影留念的机会。[36]

图 1.10

Sal 9000 和 Nene（游戏《爱相随》中的一个角色）。2009 年他们在关岛“结婚”

来源：*Know Your Meme/Boing Boing video,* 2009, https://www.youtube.com/watch?v=hsikPswAYUM

记者们极为重视日本“2D 情人”文化的崛起——（大多数）男人选择和假想中的女人交往并建立恋爱关系。[37]在《纽约时报》的一篇文章中[38]，作者总结出了人们对数字角色喜爱的增多和传统恋爱关系的瓦解之间的关联，文章指出，日本 50% 的男人和 50% 的女人都声称他们“没有和任何人交往”，在 30~34 岁的单身人群中有超过 25% 的人声称自己从未有过性生活。一些 2D 恋爱的支持者认为他们只是不愿接受唯物主义和现代恋爱关系的空虚感，于是他们略带禅意地认为欲望本身就是一种幻想。其他人认为他们只是没有能力吸引一个真正的女性，所以这种替代方法可以让他们有机会体验到强烈的情感及稳定的关系，不用害怕被拒绝。就像一个玩家说的：“这很难说清楚，但它的感觉和爱情很相似。Sasami 给了我继续前进的意志。”[39]

与真实世界里的求婚者不同的是，《爱相随》的玩家能感觉到足够的自信，因为，只要他愿意花时间去掌握他选择的 NPC 对于恋爱的喜好，他最后一定会“被爱”。游戏世界为爱情提供了一种严格的、让人欣慰的公平。不幸的是，这样一个需要你投入大量时间到一段感情中的游戏世界，却永远都不会带给你真实人类之间会有的那种联系、陪伴、互相依赖的关系。这些角色不能真的回报你什么，他们只是拿着一面镜子对着我们，让我们看到自己的渴望。然而，通过“玩家们喜爱虚拟人物胜过真实的恋爱”这一案例，我们可以感觉到，游戏在通过 NPC 引发玩家亲密感和令人不安的真实情感联系方面的力量非常强大。

角色定制

游戏设计师们还可以使用另外一种方法来增强玩家与游戏角色、NPC 们的情感认同及联系，那就是允许玩家来控制这些角色的外貌和行为。在角色定制方面做得最深入的典范也许就是《模拟人生》了。这款游戏在 2000 年发布之后有过四次大的更新，还增加了许多扩展包，被誉为“逼真的玩偶之家”。玩家可以选择各种各样的半自主角色（模拟市民们），并且自己定制他们（见图 1.11），为他们创建一个家，然后从“上帝视角”俯瞰他们的生活（见图 1.12）。玩家必须在市民们追求梦想的时候支持他们，帮助他们满足最基础的需求（食物、休息、陪伴、一个家、钱和一些娱乐）。玩家可以用市民们在游戏里挣的钱来购买衣服、家具和其他生活需要的东西。市民们的内在参数（有一些参数是可以被玩家修改的）决定了他们对生活条件和其他市民是有偏爱倾向的。如果玩家在处理这些事情的时候没有做好，就会导致市民们生活消沉、闷闷不乐。如果这些喜好完全被忽略的话，他们甚至会死亡（通过房屋着火、饿死、缺少睡眠之类的事情）。

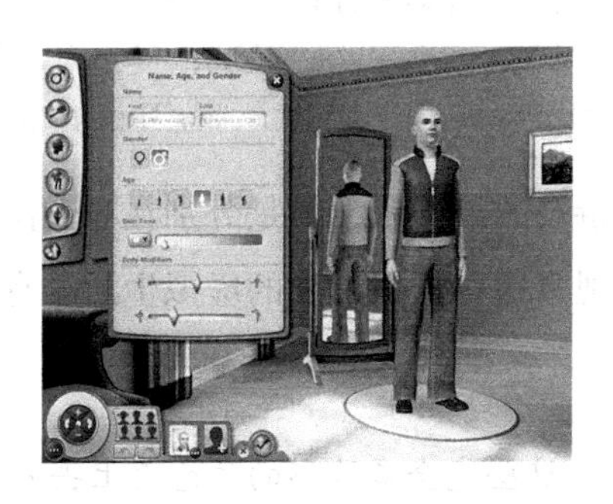

图 1.11

《模拟人生 3》的角色创建系统。玩家可以选择角色的名字、性别、年龄、体重、面貌、肤色、服饰、声音，还有一些关键属性（比如睡眠轻、不喜欢小孩、一个健谈的人或者懒汉），一些喜欢的东西，以及人生愿望（比如成为一个西洋棋大师或者超级运动明星）

来源：*The Sims 3*(Electronic Arts, 2009)；图片来源于维基百科

图 1.12

《模拟人生》第一部的游戏截屏。玩家通过在场景中选中并点击目标来为市民安排行为列表（在左上角），确保角色的基础需求能被满足。在这幅图中，这个市民打算去弹钢琴

来源：*The Sims* (Electronic Arts, 2000)；图片来源于 Will Wright 的粉丝网站，http://www.will-wright.com/willshistory12.php

玩这个游戏的最大乐趣就是分别在有和没有玩家影响的情况下，观察这些虚拟人物的虚拟生活。有一位评论者这样描述：

> 起初，这些完全多边形的角色看上去并不比游戏场景本身更吸引人。但如果你离开一会儿，哪怕只是几分钟，你的市民们就会做各种各样的事情：他们会跟着录音机里的音乐跳舞，蹲坐在电视机前面，或者和别人进行对话。而且你的市民们做任何事情都伴随

> 着有表现力的动画效果，展示出他们丰富的个性。当音乐响起的时候，他们会一起跳查尔斯顿舞；看电视的市民们身体会前倾，专心致志地盯着屏幕或者开怀大笑；喜欢交谈的市民们会在他们聊天时适当运用手势，会表达不满、讲笑话，等等。[40]

当市民们在“聊天”时，他们并不是真的在使用文字。相反，他们是在用一种类似唱歌的方式喃喃地说话，其内容不能被理解，然而依然很有表现力。正如一位评论者所说的：“你难以准确理解他们到底在说什么，但是可以通过他们说话的语调很容易地推测他们的意图。在聊天中，当他们思考接下来要说什么时，他们会停下来，然后清一清自己的喉咙；当他们因准备饭菜而不小心切到自己的手时，他们会因疼痛发出惨叫声；他们有时也会讲顽皮搞笑的打油诗。

《模拟人生》系列游戏顽皮的人物角色设计让游戏变得格外吸引人。那些没有意义的喃喃碎语、简化的卡通形象和动画，其实会比高度细化的精致的对白、界面和美术风格留给玩家更多想象的空间。正如 Scott McCloud 在他的书《理解漫画》（*Understanding Comics*）[41] 中所指出的，一个抽象的、程序化的角色表现形式更容易让观看者将自己投射到角色身上，而不会因为角色身上特殊的人物品质和怪癖而分心。

游戏的角色定制系统（见图 1.11）让玩家们可以在游戏中“复制”自己或者他们认识的人，从而更容易获得角色认同感。玩家在游戏中创造一个和自己一样的市民是很常见的事情。我的一个学生和她的男朋友就在游戏里创造了他们自己，然后在游戏世界里玩过家家。有时候他们会发现彼此在现实生活中的对话像极了游戏中的自己。

作为游戏角色的模拟市民们介于玩家角色和游戏 NPC 之间。因为他们有自主的行为，所以模拟市民们有时候会做出让他们的创造者都感到惊讶的举动。《模拟人生》的设计师 Wright 曾说，当这种情况发生时，玩家就会转变成第三人视角——比如，从“接下来我要做什么”到“他为什么会做这个”，玩家观察这些行为的游戏视角（见图 1.12 和图 1.13）使得这种从第一人视角到第三人视角的转换变得更加自然。

图 1.13

玩家把模拟市民中的角色关在一个地方好几天，直到他们“死亡”

来源：RanDumbVidz, *Sim's 3 TORTURE!* YouTube video, 1:52, July 6, 2009, http://www.youtube.com/watch?v=7ocOmAOhpqA

模拟市民们心情反馈的动画效果（以及喃喃说话时的语音语调）让游戏有一种明显的喜剧感。比如，当游戏角色之间发生争吵时，除了争吵和用拳猛击的声音外，他们的头顶还会出现一朵乌云。[42] 总体来说，《模拟人生》看起来和感觉上都像是发生在一个富裕郊区的一场电视情景喜剧：市民们生活在时髦的别墅区，购买高档的物品，做着上中产阶级的工作，克服着这个阶级会有的挑战。人口的扩张也会带来与现实中类似的消费者文化：出售宠物、高端阁楼，以及其他快生活需要的生活附属品。在这种氛围下，发生的每件事情似乎都是那么微不足道，甚至包括死亡。或许是因为模拟市民们总是有夸张的表现欲，拿他们的命运来做实验似乎也不是那么严重的事情，甚至还有一些娱乐性。许多玩家还很高兴地公开地计算让模拟市民们意外死亡的各种坏方法（见图 1.13）。在《模拟人生》这个案例中，玩家对待游戏角色的方式更像是在管理一个蚂蚁农场，而不是在为伙伴们做出高风险的决定。

然而，有些玩家通过游戏公司提供的定制工具或者自己在这些工具的基础上研发的工具包，成功地将他们自己的元素加入到了游戏里，比如坚韧不拔的现实主义精神和哀婉动人的词句。他们制作了房车公园（见图 1.14）、色情版的《模拟人生》，以及坐在轮椅上的模拟市民。对游戏机制的某些修改消除了一些反社会的喜剧行为，比如质问小孩等。然而，这些黑客行为不能完全改变游戏角色之间那种有点傻气和低俗搞笑的社交方式，比如乌云下的打斗，或者用夸张的“探戈吻”来色诱别人的搞笑场景。大多数情况下，玩家不能定制角色之间互相交流的方式，但是可以选择修改他们的外貌和个人属性。

图 1.14

《模拟人生 3》玩家制作的房车公园，上传后别的玩家也能使用

来源：Sims3Addicted, “The Trailer Park,” *Mod The Sims,* August 31, 2009, http://www.modthesims.info/download.php?t=367387

有些玩家喜欢讲述与众不同的故事，他们把《模拟人生》当成了自己制作漫画小说和电影的工具。他们会把游戏的过程录制成视频然后分享在自己的社交网站上。这些故事确实探索了充满情感的社交场景——恃强欺弱的行为、婚礼、分手，甚至还有饮食失调（见图 1.15a,b）。有一个玩家创建了一个不断更新的叙事博客来讲述《模拟人生》中一对无家可归的父女的故事。[43] 这个玩家通过充分利用游戏的系统描绘了无家可归的感觉。她把公园里的长凳指定为这对父女的家，然后尽可能不去干扰游戏的本

色，包括角色之间、角色和他们的邻居之间发生的真实的游戏交互。这个博客的读者们评论说，有的时候觉得故事痛苦得不忍看下去，但同时又觉得难以抗拒，情感上深深地被吸引进去了。

这些都是忠实玩家的自发行为，可以看出他们不仅享受快乐的喜剧及《模拟人生》精妙的游戏架构，同时也乐于去探索游戏模拟真实生活和交互所带来的其他感受。《模拟人生》不仅展现了设计师预期的玩家角色定制魅力，同时也展现了设计师没有预料到的角色定制的强大魅力。

a

b

图 1.15a,b

玩家 prettyone27 发布在《模拟人生 3》网站上的原创故事，标题为 *The Beginning: I'm Anorexic*。

来　源：prettyone27,*The Beginning: I'm Anorexic*, *The Sims3 Community*, July 4, 2010, http://www.thesims3.com/contentDetail.html ?contentId=231419

总结

在这一章，我介绍了通过选择的设计来引发玩家情感的几个基础构建模块。游戏之所以能够引发强烈的情感，其根本原因在于，游戏是由很多选择组合而成的，而这些选择会造成各自不同的结果。这意味着对游戏情感的研究应该着重于研究巅峰表现，而不是传播效果，这也解释了为什么心流理论可以用于游戏效果的研究。正因为玩家可以在游戏中做出自己的选择，并亲身经历这些选择带来的后果，所以游戏设计师们拥有其他媒介不可能拥有的唤起人们情感（如内疚和骄傲）的独特力量。游戏设计师们已经开发出了强大的工具来增强游戏中的社交情感。利用我们对真实社会事件的本能反应，设计师们为玩家们创造了游戏角色来体验游戏，同时还创造了可以与玩家进行有效情感交流的非玩家角色。设计师们还为玩家提供了个性化定制的选项，以鼓励玩家投入更多的情感到游戏及其事件中。这一章节所举的例子展示了上述方法是怎样被用来探索类似共谋等情感，并允许设计师和玩家们来重现很多人类生活场景的，例如经营一个食品小摊、参与历史事件，以及坠入爱河。

游戏角色及NPC们赋予玩家们新的获得认知和参与的方式，唤起了不同类型的情感。游戏设计师们使用这些方法不只是为了娱乐，同时也为了唤起更深的意识觉醒——与他人相处的责任感和复杂性。这给了我们一大堆新的手法，让我们可以在当下借由别人的视角来重温历史场景。游戏设计师们可以切身地去探索文化问题（比如《韦科复活》），可以激励大家的行为（如《安静》），也可以帮助玩家深入体验某种情感或他们有兴趣的社交场景（如《爱相随》《小贩人生》《模拟人生》）。我相信游戏设计师们可以使用这些方法来创造丰富的情感体验，而这条探索之路真的才刚刚开始。

游戏角色和NPC们也允许并鼓励我们和他们建立一种深刻而有意义的虚拟关系，让我们开始质疑这种媒介在我们的日常生活中扮演的角色究竟是怎样的。这种关系能给我们带来什么？他们对我们日常生活中所面对的人和事有怎样的影响？他们是如何让我们意识到生活的残酷，同时也享受作为人类的美好生活的？

在这一章，我们聚焦的是单人游戏的情感体验设计。第2章会把其他玩家加入进来，探索当玩家在和其他人一起游戏时会发生些什么，以及游戏设计师们是怎样利用这些因素来唤起情感的。

第 2 章　社交游戏：多人玩家情感的设计

为什么一起玩很重要

电子游戏的玩家一个人坐在那儿，脸被屏幕上的蓝光照亮，恍惚间仿佛迷失在孤独中——这是我们在电影、电视和流行文化中经常看到的一个景象。但这种表情呆滞、游戏成瘾的反社会形象与我们真正认识的玩家是相违背的。事实上，大部分玩电子游戏的玩家是在和其他人一起玩。[1] 这并不是什么奇怪的事情：从操场上的游戏到象棋、纸牌游戏、桌面游戏，再到《我的世界》(*Minecraft*)和《使命召唤》（*Call of Duty*）这样的电子 游戏，漫长的游戏史讲述的主要就是一个如何通过规则和设备来让人们社交互动起来的故事。[2] 当我们玩电子游戏时（除了少数单人游戏），我们通常都是多人一起玩的。所以在我们讨论电子游戏对情感的影响之前，我们需要更进一步了解在社交游戏中发生了什么。

和单人游戏相比，社交游戏在情感方面有什么不同之处呢？

总体上来说，我们知道社交互动对人类社会的繁荣有重大的意义。没有了社交，我们会变得失落沮丧，甚至会生病。[3]社交游戏可以帮助解决人类的这一最基本的需求，而单人游戏（即使里面有非常有魅力的 NPC）不太可能做到这一点。游戏研究者们发现，当玩家们在游戏中和真人玩家对抗（而不是电脑）时，他们的情绪发生了变化。在一个实验中，加拿大研究人员 Mandryk 和 Inkpen[4] 邀请经验丰富的游戏玩家带他们的朋友来实验室，让他们一起玩一款电子冰球游戏。每个人都会在两种条件下玩游戏——对抗电脑，以及对抗他的朋友。研究人员试着通过问卷调查和生理指标测量（皮肤电反应（GSR）和肌电图肌肉活动测量法（EMG））来鉴别每种情况下玩家反应的不同。结果不出所料，他们发现人们更喜欢社交玩法。不管是问卷调研（测量玩家的主观认知和偏好）还是生理指标测量（也许会和玩家的主观报告有所区别）都显示，和朋友一起玩的投入指数要高于和电脑一起玩的投入指数。而且玩家们也表示，和电脑玩的时候，输比赢更无聊。但和朋友一起玩时，不管输赢他们都同样专注。而这些结果与其他媒介在相同情况下的研究发现是相呼应的（比如一起观看电视等社交场景[5]）。结果就是：和大家一起玩游戏要比一个人玩更有趣。

在第1章，我们研究了有意义的选择是如何让游戏具有不同于电影、电视和小说的体验的。一起玩游戏则把这些有意义的选择带入到了游戏的社交互动之中。可以肯定的是，人们在一起体验其他媒体时会有交际行为，比如在观看电视节目或者电影时笑着聊天。但游戏是不一样的，当你和你的小伙伴一起玩游戏时，你在游戏内的行为会影响到其他人的实时游戏体验，也会影响对方在游戏内的虚拟形象和自我。因此，游戏为我们提供了在玩社交游戏的同时进行交际的机会。[6] 回到之前聊过的滑雪游戏，如果我和朋友一起玩，那我们在玩时不只是在尝试一个新的运动及另一种身份（世界级的滑雪运动员），我们也在一起度过欢乐的时光——在虚拟的斜坡上比赛超越对方，为了赢得胜利而耍小手段（当然也包括偷袭不成后华丽丽摔倒的壮观景象）。游戏是唯一能够让我们一起拥有这种积极体验的媒介。

这一章将会介绍设计师们在社交游戏中用来唤起玩家丰富情感反馈的三种构建模块：协调行动、角色扮演和社交场合。

协调行动

和别人一起克服精神和身体上的挑战可以给自己带来深深的协作满足感，尤其是当这种合作需要紧密协调配合时。如果你曾经参加过团体运动，或者参与过某种即兴的合作场景（例如把汽车从雪堆里弄出来，帮别人拯救散落在风中的文件，等等），那么你就会了解这种感觉。社会心理学家已经证明，与别人一起协调合作（比如一起搬运木板）能让彼此之间产生互相联系、互相喜欢、关系密切的感觉。[7] 游戏可以促成这种合作，时长从几个小时、几个星期到几年不等。

索尼 PS3 游戏《小小大星球》（*Little Big Planet*）展示了在优雅的设计选择下，互相合作的玩法所带来的简单快乐。该游戏最初版发布于 2008 年，其第三个更新版本发布于 2014 年，目前依然火爆。《小小大星球》是一款平台解谜游戏，这种类型的游戏需要玩家角色在二维游戏世界里解决各种物理谜题（见图 2.1）。游戏角色可以进行一系列的行动——跑、跳、推、拉——在一个看上去用布和纸做的世界里。尽管游戏的外观和给人的感觉都像是孩子的手工项目，但它复杂的物理引擎使得物体在其中的行为更加贴近真实情况，至少和其他平台游戏比起来是这样（比如当物体从小山上下滑时会有加速度，直到它碰撞到其他物体或者坡度的斜率发生改变）。

图 2.1

《小小大星球》的玩家协调角色动作来解决谜题

来源：*Little Big Planet 2* (MediaMolecule, 2011)

玩家在一个叫作 Sackboy 的基础身体模型上开始创建自己的角色形象，用一些服装元素及标签来装饰这些简单的身体（见图 2.2）。与众不同的是，《小小大星球》允许玩家们通过修改角色的脸和身体来表达情感。玩家可以使用控制手柄上的方向键（D-pad）来修改角色的表情，包括快乐、恐惧、悲伤和愤怒（见图 2.3 a,b，还有一个讲述怎么修改角色形象的简单线上教程）。[8] 手柄上的按钮和摇杆可以让玩家控制角色来移动、做手势，甚至扇打其他玩家的角色。

图 2.2
《小小大星球》的角色是基于一个叫作 Sackboy 的基础角色创建的。玩家可通过自定义元素和贴纸对人物进行多维度创造
来源：*Little Big Planet 2*(MediaMolecule, 2011)；图片来自维基百科

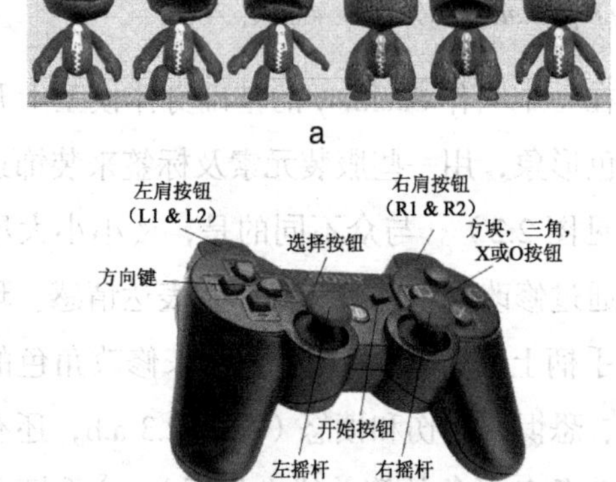

图 2.3a,b
Sackboy 们的表情，从左到右依次为：快乐、非常快乐、悲伤、很悲伤、极度悲伤和愤怒。玩家可以使用手柄上的方向键来控制其表情
来源：*Little Big Planet 2*(MediaMolecule, 2008)；图片来源于 H2 博客

角色定制工具及表情控制功能让人感觉这些角色就是一个个手工木偶，玩家不仅在游戏中操纵它们，同时也借由它们栖息于游戏世界。和《模拟人生》中的市民们不一样，布偶们从来不说话——它们只通过丰富的肢体语言和面部表情来表达自己（就像无声喜剧电影演员一样，见图2.4）。游戏的物理引擎可以支持肢体做滑稽搞笑的动作，也支持解决复杂的物理谜题。因此对玩家们来说，尽管游戏角色的身体被简化了，但它们看起来仍然那么真实和富有表现力。

《小小大星球》通过设计来鼓励社交玩法。游戏可以支持四个人同时玩，本地（比如四个人都在同一个房间，盯着同一块屏幕）或者远程（四个人处于不同地点，盯着不同的屏幕，但是通过索尼PS网络连接在一起）都可以。每个关卡都包含一些需要两人或者两人以上合作才能解开的谜题。

玩家们通过身体来解决谜题（如果他们在同一个房间的话也可以对话），为了解开谜题他们需要搞清楚各自的角色应该站在哪里，或者应该按什么键之类的问题。玩家们可以通过游戏角色预置的表情对同伴的表现给予无声的评价，用夸张的肢体动作表达胜利或失败之情（见图2.5）。

图 2.4
《小小大星球》的角色和游戏机制让我们想起了经典的动作喜剧以及 Harold Lloyd 等无声电影明星们（为了达到喜剧效果）所经历的冒险
来源：*Safety Last!* (Hal Roach Studios, 1928)

图 2.5

玩家可以操控游戏角色的面部表情和肢体语言来进行夸张的表演

来源: *Little Big Planet* Sackzilla 预告片，YouTube（“calculatorboyqwe”）/ MediaMolecule (2008)

一位玩家如下描述他的游戏体验。

被 Helen 称为“太棒了！”的按钮：L2 键 +R2 键 + 两个摇杆同时往上推。每当她在《小小大星球》的关卡里赢得胜利的时候，她就会按下这些按键，然后她的 Sackgirl 就会咧着嘴笑，在空中挥舞着双臂来表达无声的庆祝。与此同时，我的 Sackboy 则会皱着眉头从屏幕的一侧气冲冲地离去，拳头紧握着。或者，在一个特别难的关卡之后，他会拿出一个煎饼锅拍打 Helen 的 Sackgirl 的头顶。而 Helen 处理失败的方式似乎更好一些。她会把我的 Sackboy 拖离摄像头，然后在中间跳 disco 舞蹈，试图吸引聚光灯的注意。无论哪种情况，每个关卡结束之后我们的游戏角色之间都会发生一场搞笑的扭打，而我俩在真实生活中并没有交谈。[9]

那个玩家还写道，《小小大星球》的操作允许玩家之间有丰富的非语言交流，让他们更彻底地沉浸在自己的角色及游戏世界里："Helen不会指着屏幕的一角告诉我去那里，与之相反的，Helen的Sackgirl自己会指着游戏中的一个开关，然后我的Sackboy就会去那里。如果他发现了错误的开关，Sackgirl会生气地摇头然后重新指一遍。这次我的Sackboy找到了正确的开关，Sackgirl咧着嘴笑着，并竖起了大拇指。"[10]

虽然游戏原作本身就拥有很多有创意的预设关卡，但游戏能够持续风靡并且保持魅力的原因在于它允许玩家创建并且分享自己设计的关卡，包括自己设计的角色形象。游戏里有一个简单的视频演示了玩家创建Sackzilla并统治一个城市的过程（在还没有被其他玩家打败之前[11]）。这段视频向我们展示了玩家自创角色造型范围之广，以及由此创造的丰富情感，玩家可以利用这些来创造吸引人的有趣场景。任何人都可以轻易下载玩家制作的关卡并邀请别人来一起玩。和《模拟人生》做法相同，《小小大星球》为玩家提供了角色造型相关的内容更新包，包括海盗造型、历史人物造型及挪威神话的人物造型。

《小小大星球》的设计理念——简单和自定义角色形象、有趣的物理机制、有限的小组人数和需要团队合作的谜题——创造了一种有趣的协调合作的形式。而这些设计理念同时也让我们弄清楚了哪些行为是可行的。简单、喜感的角色造型，以及通过操作它们展现出的动作喜剧感和有趣的交互，可以让玩家们在合作的过程中轻易获得一种友好的极易分享的情感体验。

社会角色及角色扮演

正如我们在第 1 章所看到的，游戏角色有助于增强单人游戏的情感体验，而多人游戏更是如此。当人们通过游戏角色在一起玩时，游戏便从一场单人的旅行转变成了真正的社交互动。

在多人游戏中扮演一个虚拟的自己会让其他玩家驻足观望，他们会对你在游戏中的身份有所期许。我在别人面前扮演着另一个自己，我们所有人都投入在电脑屏幕中的这场真实、实时的社交互动里。与此同时，我们每个人在本能和认知层面也完全沉浸在自己的角色表演中。我们的角色可以通过合作产生丰富真挚的游戏共同体验，这为我们通过游戏营造强大的情感体验创造了可能。游戏设计师们可以通过结合角色形象和行为来创造丰富的、有意义的社交情感空间。也许他们创造的游戏世界是虚构的，但这种动态的社交却是真实的。

在日常生活中，人们要扮演各种各样的社会角色——姐妹、父母、同事、学生、情人、客人——视我们周围的人和事而定。社会学家 Erving Goffman 研究发现，人们在扮演这些角色时，会根据自己期望的结果去选择在这些社会场景中怎样呈现自己。[12] 比如，当我们拜访邻居时，不管我们内心是否喜欢，我们总要在脸上堆满笑容来扮演一个礼貌的访客。但这并不意味着我们可以武断地、随意地选择我们的社会角色。事实上，社会角色通常可以用来塑造和约束个人行为，为我们每个人提供更可控的生活。我们在真实世界中所扮演的角色深受许多因素的影响，包括天生的性格、家庭环境、职业训练，以及我们目前拥有的和想要维持的社会关系。游戏角色让我们可以摆脱某些束缚，成为另一种可能的自己。[13]

即使在图形技术如此先进的当下，文字依然是打造虚拟身份、进行虚拟社交最适宜的沟通方式。正如第 1 章中《堕落星球》里的 NPC 机器人 Floyd 的例子，我们看到只需言简意赅的几句话就可以描绘出一个丰富动人的场景或角色。如果一个游戏希望在角色定制方面允许玩家自由发挥的话，那么可以通过文字塑造出复杂的身份和扮演方式。基于文字的多人角色扮演游戏（Multi-User Dungeons, MUD）利用文字的这种特性为玩家们共同创造了一个丰富的虚拟世界。

尽管MUD在20世纪70年代就已经存在了，但一直到20世纪90年代，这些游戏的玩家群才开始快速膨胀起来。因为那个时候大学开始配备网络，学生们可以在学校上网了，公众也意识到了互联网的高速发展。在一个MUD或者MOO（Multi-User Dungeous, Object Oriented，面向对象的多人角色扮演游戏）中，玩家们通过丰富的描述性文字来打造自己的角色和虚拟的游戏世界。比如，当你进入长期运营的LambaMOO游戏时，可能会读到以下这些文字：

> 那个大衣衣柜。那个衣柜里是一个黑暗狭小的空间。里面似乎非常拥挤，你在里面会不停地撞到一些东西，感觉像是大衣、书本和其他人（显然是睡着了的）。在到处乱撞的过程中你会发现一个有用的东西，就是那个及腰的金属门把手，它似乎通向某扇门。还有一份新版的报纸，输入“news”来看它。[14]

通过书写其他人能查看的文本描述，玩家们可以在这个基于文字的世界中为自己创造几乎任何类型的角色。正如 Sherry Turkle 在 1995 年的书中记录的一位玩家的话：

> 你可以成为任何你想成为的人。你完全可以重新定义自己，如果你想的话。你可以成为相反的性别；你可以更健谈，也可以更寡言。你可以成为任何你想成为的人，真的，任何你能成为的人。你不用担心自己在别人眼中的形象。你很容易改变别人对你的看法，因为他们能看到的全是你想要展示给他们的。他们不会看着你的身体或者听着你的口音，然后猜测你是怎样的一个人。他们看到的只是你的文字，而且文字永远都在那里。一天 24 小时里，无论何时你都可以走到街角和一些有趣的人聊天，前提是你找对了适合你的 MUD。[15]

Trukle 的研究显示，当人们在玩这种游戏时，他们会在交流中投入真实的情感。一个女孩在一场车祸中失去了她的一条腿，于是她在 MUD 中也创造了一个失去了一条腿的角色。当其他玩家遇到她时，可以看到她用文字描述的这个角色的残疾和假肢。

这意味着任何想要在游戏中和她的角色成为朋友的人都需要克服因为身体障碍而导致的种种问题。在游戏中和她陷入一段浪漫感情关系的那个人也不例外。Turkle 这样描述：

> 她（MUD中的角色）和她的虚拟爱人在“身体”上和情感上都接受了虚拟截肢术和假肢的存在。他们开始虚拟恋爱，Ava也开始喜欢自己的虚拟身体。团队成员在镇上举行聚会时，Ava给大家讲述这个经历，这让我能够更进一步接受自己真实的身体。在车祸发生之后，我先在MUD里恋爱，然后才在真实生活里恋爱。我认为有了第一次的尝试，才使得第二次成为可能。我开始重新认识我自己。[16]

尽管MUD和MOO能够利用文字的灵活性，但是更多新近开发的多人在线游戏选择利用图像和物理引擎技术来为玩家们创造基于形象的沉浸式角色扮演体验。在《英雄城市》（*City of Heroes*）这个从2004年运营到2012年的大型多人角色扮演的网络游戏（MMORPG或MMO）里，玩家们可以扮演漫画风格的超级英雄角色。如果你小时候扮演过超级英雄（我记得小时候自己在镜子前转圈，希望能像英雄神奇女侠一样变身），你就能体会到这种游戏的魅力。

《英雄城市》提供给玩家们在游戏中创造和扮演他们心目中超级英雄的机会，让他们与其他玩家和超级英雄们一起打击罪犯，拯救世界。

游戏设计师们创建了一个多层角色定制系统，使得创造一个超级英雄的过程比单纯为之选一套服装要深入得多。玩家们的选择与游戏里的核心动作密切相关，所以他们在游戏世界里真的具有超级力量。《英雄城市》提供了四套角色创建方案。前两个方案与内置在游戏引擎里的功能密切相关，后两个虽然对游戏行为并无影响，但是对其他玩家的反应影响很大。

首先，玩家要在五个主要角色原型里选择一个。MMO 游戏通常会让玩家在开始创建形象时选择某一类角色（比如，巫师、治愈者、战士等，如果是魔幻游戏的话）。这些不同类型的角色在游戏中拥有不同类型的能力，在团战时可以很好地配合起来。在某种程度上，这有点像体育团队里的球员位置。例如，足球队里有防守球员和进攻球员，并被细分为更专业的角色。与之类似，在 MMO 游戏里，人们会根据他们的能力、游戏风格，以及对游戏中某些特定任务的热情来选择适合他们的位置。《英雄城市》的玩家们可以在以下五种主要角色类型（在游戏中被称为原型）中选择：爆破工（强大的战士）、拳击手（擅长近身格斗）、防御专家管理者、守卫者和坦克手。

在选择了一个角色原型之后，玩家还可以选择五个初始剧情之一：科学、变异、魔法、科技和自然。初始剧情决定了玩家之后可以获得什么样的技能，以及可能面对的敌人类型。比如，如果玩家选择了科学初始剧情，那么尽管他的故事是可以被定制的，但大体上会遵循下面这样的游戏设定。

> 你获得能力的方式有两种：通过有目的的科学研究，或者通过一些意外的失败。然后你就会学着掌握这个新技能，获得强大的力量。初始设定会给你一个麻醉飞镖。这个物品的攻击范围很小，会造成轻微的破坏和有毒伤害。另外，它还可以麻醉你的目标，虽然几率很小，而且被麻醉的人在下一次受伤或者被治愈之后就会醒来。

随着游戏进程的发展，选择科学初始剧情的玩家会慢慢接触训练、发明、基因改变和实验增强等新技能。

与之形成对比，选择技术初始剧情的背景介绍大概是这样的：

> 你能从各种科技设备——从高科技防弹衣到强大的能量武器——上获得你的能力。很少有人能够复制这些惊人的技术。你不需要成为一名杰出的发明家，你可以通过其他途径获得这些物品。这种初始设定会给你一把高压电击枪，这种武器的攻击射

程很短，可以造成轻微的能量伤害，还有比较小的概率可以使你的敌人在短暂的时间内不能动弹。

这种初始设定之后可以获得的增强技能包括：训练、小工具、发明和自动控制。

这些介绍向我们展示了游戏的概念设计和具体的内容是如何交织在一起的。游戏设计师们在向玩家讲述科幻背景故事的同时，也让玩家们了解了游戏角色和能力的选择会有怎样的实际影响和可能的后续结果。玩家先选择一个主要的技能线（比如腰刀、爪子或武士刀），然后选择这个技能线的主要技能（比如敏捷劈砍或四面扫荡，这是双刀技能线可能会有的两种技能）。这些技能对于玩家来说只是一个开始，随着游戏的进展他们可以获得更多的力量和能力，包括不断增强所选择的初始设定的能力。

在做出了这些和游戏玩法相关的选择之后，玩家还可以选择各种各样的角色外型（见图 2.6）、性别（男、女或不确定）、身高、体重、容貌和各式各样具体的服装。在角色创建的最后阶段，玩家需要注册角色，做出一系列决定，包括战斗口号和可以让其他玩家看到的个人介绍等。

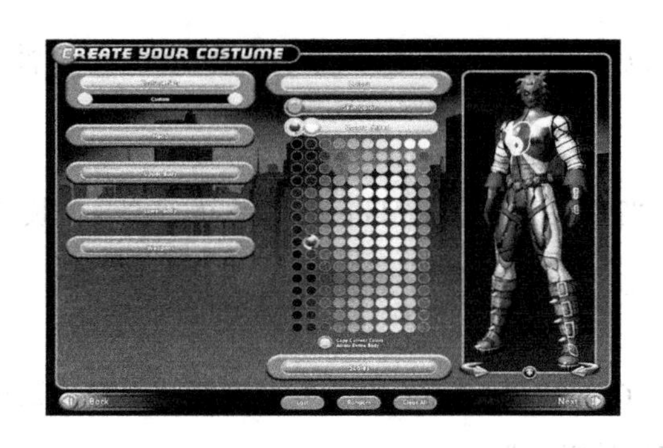

图 2.6

《英雄城市》的角色服装定制系统

来源：*City of Heroes*, Venturebeat ("Layton Shumway")/NCSOFT (2010)

这么深入的角色创建系统让玩家们可以自由创建自己心目中幻想的游戏形象。正如一位玩家在提到选项的多样性和初始剧情的自我选择时说的："这让我的 CoH（《英雄城市》）角色具备了我的特色，而不是用许多预置的头发和身体选项来组装一个普通的衣冠楚楚的人。"[17] 另外一个玩家说："哦，天啊，那些原创的故事！我们会遇到随机的玩家们，我们读他们原创的角色故事，有时会一拍即合，然后一起执行很多很棒的难忘的任务，或者有时只是简单地交谈——这些我到现在还记得。"[18]

当这个游戏宣布关闭的时候，怀旧的玩家们聚集在了论坛上分享他们玩游戏的故事。玩家们在一个帖子里聊到了他们最喜欢的角色描述文字。[19] 以下是一些例子，从中我们可以一瞥玩家在创建角色时展现的幽默、个性和创造力。

- “The Killustrated Man：有很多的纹身，擅长武术。”

- “Regina Dentata：牙齿女王。”

- “Organised Mime：他是一个邪恶的小丑，超级强大，玩起来棒棒哒。”

- “The Hundred Acre Hood：哦，兄弟。”

- “Drach Terra：一个多姿多彩的恶魔，来自法律和秩序的国度。”

- “Melissa Kane：以前是超能力小孩学校的一名老师，现在是一个复仇的亡魂。”

- “Thunderblitz：用一个自恋的、超级大坏蛋的DNA制作出来的全能半机械人和精神病患者，使用蒸汽朋克技术，由从《荆棘法阵》偷出来的神秘反应器驱动着。”

- “That Other Kid：一个特技表演者，在被敲了无数次头之后相信自己其实是一个超级英雄。挥舞着武士刀游荡在帕拉贡市附近，喜欢引用Quentin Tarantino电影里的台词。”

· “Swamp Fever：一个科学家，从迷幻性沼泽植物中合成了自己。”

· “我记得我在 CoV 遇到过一个穿着白色制服、长着白色头发、胡须上挂着鸡翅、自称为‘陆军上校’的家伙。”

· “我人生的第一个游戏角色是信息小姐，一个想把那些糟糕的、滥用能力的执行委员们全部干倒的邪恶女秘书。然后我创建了 Strychnina，在 GW2 出来之前我一直在玩这个角色。她是一个俄罗斯科学家，不小心把植物基因拼接到了自己身上，所以变成了一个愤怒的、有毒的女人（没有人会爱她）。”

图 2.7a,b 展示的是论坛上玩家分享的自建角色图片，图 2.8 展示的是游戏开发者为玩家们举办的许多场游戏角色的服装大赛中的一场。

a

b

图 2.7a, b

《英雄城市》的玩家可以在游戏中创造各种各样的角色来满足他们对超级英雄的幻想

来源：*City of Heroes* (Cryptic Studios, 2004)；图片由 NCSOFT 授权

图 2.8

《英雄城市》游戏内角色的服装大赛

来　源：*City of Heroes*, YouTube, ("NCsoft's Official City of Heroes Video Channel")/NCSOFT (2012)

除了服装定制系统提供的大量选择之外，游戏开发者们还为玩家们提供了详细的背景故事，以及相关任务和挑

战。游戏运营了数年，在此期间被不断更新和拓展，以保持玩家探索阿拉贡市时的活跃和团结。这个故事包含了丰富的角色人物，有的甚至是由游戏开发公司的创始人们来扮演的。这个公司还发布了特别版的游戏同名漫画。正如一位玩家说的："这个游戏的魅力之一就是它传说般的故事背景，它是那么深邃和多样化。随着对游戏 NPC、游戏英雄和大反派们的起源的了解越来越多，那些看上去毫不相关的故事线最终都连接到了一起。"[20]

玩家们也可以使用任务创建系统创作自己的任务和故事线。游戏提供了多种方法来鼓励组队冒险——玩家可以自己组成联盟和任务小队，也可以通过游戏内的交友系统让别人加入自己的小队，无论他们在游戏内的等级如何。《英雄城市》还拥有 MMO 游戏少见的跨服务器聊天系统。（这意味着一个玩家登录游戏之后，就可以和游戏内任何其他玩家进行交流，即使他们登录的是不同的游戏服务器。）

角色定制系统与游戏玩法的紧密结合、丰富并不断进化的游戏背景故事，以及多种让玩家互相联系、一起游戏的途径——所有这些功能的结合让玩家们无论在情感还是社交上都沉浸于游戏之中。《英雄城市》的设计师们制作了 MMO 游戏应有的大部分框架和内容，为玩家提供了一次引人入胜、可以与别人一起分享的超级英雄体验。玩家如此评论这种美好的游戏体验："这就是我为什么这么爱《英雄城市》的原因——他们把技能做得很独特，他们努力让你感受到这种技能的真实及各种益处，让你觉得自己真的是一个超级英雄。""我最好的回忆之一就是那次临时组队完成任务的经历，我们一边在废车场消灭恶棍，一边彼此交流自己角色的故事。有人说撰写你自己的角色背景然后分享给别人是最棒的事，我认为是这样的。这实在太有趣了！"[21]

《英雄城市》通过游戏内外的社交生活把超级英雄的神话带到了玩家身边。一位玩家这样评论："《英雄城市》让我遇到了我最好的朋友。那时我们还在读高中，吃午饭的时候一起讨论这个游戏，然后就认识了。"然而另一个玩家的评论让人啼笑皆非："当我第一次听说这个游戏的时候，我和我的朋友都非常想玩这个游戏。我们甚至在校园里奔跑假装自己是超级英雄。"[22] 和其他 MMO 游戏一样，忠实的玩家们会在游戏中投入许多时间，玩上好几年，有时候是和同样热爱的一群人。当游戏在 2012 年关闭服务器的时候，一个玩家进入游戏玩了最后一个回合，然后发表感受说：

是的，就这样了。在大约五分钟前，《英雄城市》正式结束了。我很高兴我陪它走到了最后一刻，这种感觉就好像是在看望临终前躺在床上的亲人。我真的真的不想这么做，但我也高兴我这么做了。七年前我在游戏里认识了一个朋友，那时她还在玩她的第一个角色。我们聊天并交换了Facebook账号。我过去常常帮她做数学作业。现在她已经结婚了，和一个在游戏里遇到的家伙。虽然她现在玩MMO没有以前那么多了，但至少我们仍然保持联系。开始的时候我在这里，结束的时候我也在这里。这种感觉是对的，我想，比任何事情都对。[23]

社交场景

创作多人游戏时，设计师们就会化身为社交工程师——使用游戏元素来创造有趣的、吸引人的、玩家可以一起愉快玩耍的社交场景。心理学家们，特别是Walter Mischel，早就指出了社交场景对人们如何展示自己的个性有着重要的影响。[24]游戏设计师们设置特定的社交场景，目的是触发某些特定的行为和冲动，从而创造出他们希望玩家们能共同体验到的情感和社交反馈。有些游戏设计师会营造特定的社交场景以培养道德方面的立场，他们期望游戏的结果可以反映自己的价值观。[25]

比如，Anna Antropy 的游戏《让我占领》（*Keep Me Occupied*）（见图 2.9a,b 和图 2.10）是为 2012 年的“占领奥克兰”运动而创作的游戏，其设计目的就是为了反映和加强运动参与者们的目标：在彼此努力的基础上实现共同利益。

Antropy 在一封邮件中解释说，她之所以把《让我占领》设计成一款街机风格的游戏，就是为了把它带到此次运动计划占领的废弃大楼里。不在大楼里的时候，游戏机可以使用自带的轮子在奥克兰环游。她希望在这个游戏里，每个玩家都可以为了群体的共同成功而做出自己的贡献。她这样描述自己的想法：

> 两个玩家需要在 60 秒内共同努力到达尽可能高的地方。当 60 秒结束时，每个玩家的游戏角色会停留在他们最后接触的那个开关上，为后面玩这个游戏的人撑住这个开关。（每个玩家都会获得一个不同的颜色，便于玩家迅速认出自己的游戏角色。）随着越来越多的门被永久地打开，玩家在有限的 60 秒内可以更容易地走得更远。对我来说重要的是，即使是不太会玩的玩家也可以做出他们的贡献——也许他们走得不远开不了几个开关，但是由于后续的玩家们还没有占领这些开关，所以他们可以占领这些开关，为未

来所有的玩家节约了本来会在此耗费的时间。我也喜欢玩家们有选择的权利——可以选择为了帮助未来的玩家而自愿牺牲自己。所以我在游戏中加入了可以绕开大部分游戏内容的捷径，但要求一个玩家放弃往前推进而选择去占领那个开关。[26]

a

b

图 2.9 a,b

《让我占领》（一个在 2012 年占领奥克兰运动期间开发和发布的游戏）的玩家们

来源：Shaun Roberts (www.shaunroberts.net) (2012)

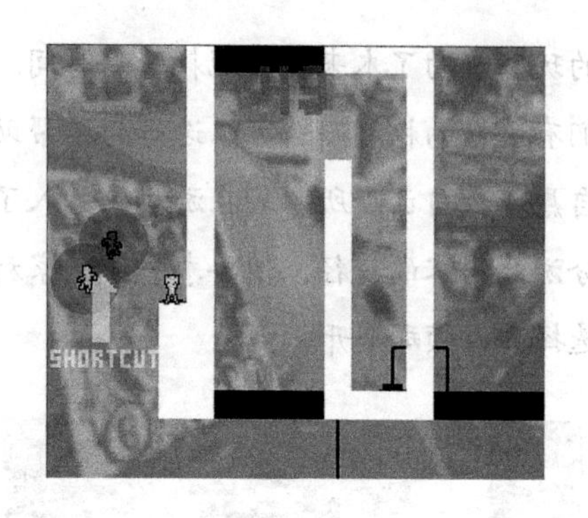

图 2.10

游戏中的每个玩家都被赋予了一个独特的形象颜色，这样后面就可以轻松地在游戏中发现自己的位置。玩家们一起合作打开门，老玩家们的角色会留在那里为后来者撑着打开的门，这样后面的玩家就可以在前人的游戏基础上继续努力

来源：*Keep Me Occupied*（免费软件，2012）；感谢 Anna Anthropy 提供图片

在警察暴力镇压示威者（有相关的国际新闻）之前。大约有 40 个人玩了这个游戏，他们没能把那个街机成功推进计划占领的大楼里。抗议者们一直推着这个沉重的街机前行，然后把它放进广播车里，以待游行队伍再次集结时使用。

《让我占领》上手容易，其积累性的、集体主义的游戏体验是独特的。简单的角色形象让玩家可以很容易获得普遍的身份认同感，而每个人独有的颜色允许玩家随时回来，发现自己对整体的贡献。这个任务很容易理解，操作方式让人熟悉，游戏给人的感觉也是（字面上）令人振奋的（每一次打开关卡门时，角色可以爬得更高）。游戏的周期是很短的——60秒，街机这种游戏形式给周围所有能看到它的人提供了一种熟悉的游戏场景，鼓励观望者们也参与进来。《让我占领》向我们展示了一个小小的设计和一个明确的情感目标是如何为玩家们创造一个理想的最终体验的。Antropy做出了一系列精明的设计决定来为玩家们创造这样的游戏社交场景，这个场景反映出了他们对所参与的社会运动所寄托的希望和抱负。

《英雄城市》也提供了一个精心设计的社交场景。玩家们塑造超级英雄的角色，在游戏数值提供的范围内演绎他们对超能力的幻想。游戏任务、故事传说及能力的增长都会引领他们的表现——让它保持在界限中。在一起参加游戏内的活动的过程中，玩家们逐渐认识其他玩家，和他们产生情感和联系。这种经过设计的社交场景是英雄和史诗般类型的，延续了科幻漫画的传统风格，而游戏正是基于此研发的。

但游戏设计师们的意图和设定的边界有可能被扭曲，甚至被刻意侵犯。玩家们总是乐于探索这些界限。确实，这可能是游戏乐趣中不可分割的一部分。[27]MMO游戏的设计师们在探索和重新设定游戏的可能性和可取之处时，很重视和玩家们的合作。[28]有时玩家们会发现游戏角色内在能力的不平衡之处，然后选择离开，或者通过某种途径利用奖励系统来迫使游戏做出改变。

这样的改变有时候会导致游戏社区内的严重冲突。新奥尔良研究院的 David Myers[29] 已经玩了《英雄城市》很长一段时间了，他有一个高级游戏角色——Twixt，在游戏里相当知名并且受人尊重。游戏开发者们在游戏里加入了一个新的 PvP（玩家对玩家）系统，只对高阶玩家开放。正如 Myers 所说："新加入的这些对抗元素与游戏通常的合作玩法是相违背的，这已经越来越明显了。从某种意义上来说，加入 PvP 对抗玩法之后，游戏的设计师们已经 Garfinkel 了他们的游戏。我会进一步来探讨这个。"

Myers 在这里提及的 Garfinkel 是一个专业词汇，来源于社会学家 Harold Garfinkel。Garfinkel 和他的学生们致力于研究社会秩序的创建和维护。他们做了一个违反实验，在这个实验中，他们做出违反社会既定规范的行为——比如，与谈话的对象站得很近，或者在百货公司讨价还价——然后观察人们怎么来修复和恢复秩序。

为了 Garfinkel《英雄城市》，Myers 违反了游戏设定好的合作和协作的规则。他完全尊重新 PvP 模式的游戏规则，不承认或服从在更大游戏社区里通用的社会规则。比如，不是给对手冒险反击的机会，而是会使用技能把对手传送到机器人的射击范围，在那里他们没有任何反击或者活下来的机会。他解释说："刚开始，我的兴趣只是简单适应PvP模式的游戏规则，玩好Twixt来完成PvP游戏目标。我从来没有预料到会发生严重的残忍暴行。"[30]

Twixt的对手们把他的做法视为反社会的行为并进行了强烈的攻击。他们在聊天服务器诋毁Twixt是一个懦夫，还反复呼吁游戏仲裁者把他踢出游戏。他们嘲笑Myers是一个技术低劣的玩家，尽管他有很高的游戏排名和数据：事实上，玩家们坚持否认Twixt的技术，即使这和游戏日志里的数据相矛盾。Twixt在游戏里所属的群组也因为他的行为而驱逐了他，尽管他们在一起玩游戏已经很久了。他甚至收到了一系列的死亡威胁："10-09-2006（广播）我发誓如果我在真实生活中遇到了你，我会杀了你。"

Myers发现社区对他在游戏内的行为的攻击和持续的反应令人着迷，因为它揭示了一种强大的玩家合作文化，即使面对的是新的规则、竞争元素和奖励系统。尽管在许多其他的MMO游戏中，一个更有竞技性、更注重个人表现的游戏氛围被证明是很有吸引力的，但在这个案例中，玩家们会团结起来保护随着长时间游戏而出现的那种相同的感觉。有人可能会说，《英雄城市》最初的社交场合——

公共的、英雄化的行为——让游戏本身在玩家行为和期望两方面都获得了持续的生命力，这一点推翻了设计师们后续想要调整或修改游戏社交体验的尝试。玩家们已经在特定规则下的游戏过程中形成了角色性格和共有的记忆，不管是官方的还是非官方的，所以他们不希望颠覆这段共有的历史而进入到更先进、更有竞技性的游戏玩法。

总结

在多人游戏中，尽管玩家发现自己身处在虚拟的游戏世界，但是一系列有意义的行为组成了每一个个体的游戏体验，从而在玩家之间创造了真实的社交体验。设计师们通过类似《小小大星球》这样的游戏来展示合作行为和表达情感影响力。他们为游戏角色提供丰富的工具，以使得玩家们能够投入到社会角色的扮演中，正如我们看到的《英雄城市》。他们也通过塑造特定的社交场合来培养玩家们的社交和情感体验，正如我们看到的《让我占领》。

多人游戏中的玩家角色允许人们去探索幻想的身份和权利，长时间地扮演这些角色并和别人互动，分享真实的体验。这些经历的混合特性，即虚拟和真实融合的感觉，让游戏本身有一种社交的魅力。比如，《小小大星球》里Helen 和 Brendon 之间（如前所述）有趣的非语言交流；

31

或者《英雄城市》里偷看另一个玩家背景故事的小小愉悦，并由此开始一段对话从而产生一段持久友谊的经历。

这些例子和本章中提及的其他例子（例如接受残疾的身体并直面现实生活，以及保护一种珍贵的游戏文化）清楚地证明了当玩家们将自己栖息于角色形象中并在社交游戏中互动时，他们可以高度投入，甚至发生改变，不管他们身处的数字虚拟环境是多么虚假和异想天开。事实上，游戏设计师们塑造了我们的社交环境、我们和别人建立关系的方式，以及我们看待自己的方式。

他们所提供的环境让玩家可以通过角色扮演来形成真实和有意义的人际关系，最终通过某种方式成为自己永久身份的一部分。游戏研究者和设计师 Celia Pearce 是这样形容她和她的游戏角色 Artemisia 之间的关系的：

> 当我从游戏世界中下线时——我从 Artemesia 转换成了 Celia——Artemisia 弹出了屏幕。屏幕上那些各种各样的我像泡沫一样一个个溶解了，但是 Artemesia 仍然存在于 Celia 的身体里，她是那个复杂的我的一部分，既是 Celia，也是 Artemesia。
>
> 当我不在游戏世界里时，我的 Artemesia 形象对其他人来说也是存在的。我在他们的记忆中，我被

记得、被讲到、被想象。因此，从某种意义上来说，我对那些在网上看到我并和我一起玩游戏的人来说是真实的，即使我不在那儿的时候。我们这些栖息于游戏角色中的人都是通过这种方式认识彼此的。我们在自己的内心以及在别人的概念中，都拥有多种身份。[32]

我认为没有其他媒介能在个人和社会层面提供这种具有变革性的影响力。游戏设计师们一直致力于拓展这种媒介的边界，并巧妙构建玩家们对于互相联系的身份的探索，正如我们在接下来的第3章和第4章中会看到的。

第 3 章　游戏中的肢体动作：运用动作设计来创造情感和联系

还记得第 2 章中那个孤独玩家的刻板形象吗？你头脑中的玩家形象很可能是这样的：弯腰弓背地坐在一个键盘或者游戏控制器前面，专心致志地盯着屏幕，唯一的生命迹象就是他疯狂抽动的手指和那偶尔突然爆发出来的欢乐或沮丧神情（见图 3.1a,b）。

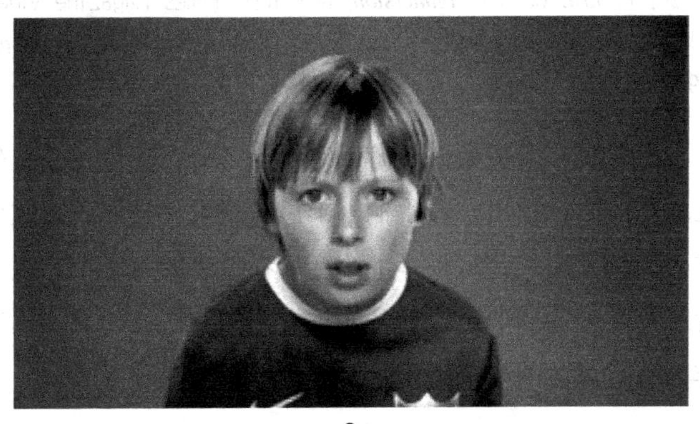

a

b

图 3.1a,b

Robbie Cooper 捕捉到了孩子们专注于游戏时恍惚的凝视表情

来 源：Robbie Cooper, *Immersion*, New York Times Magazine video, 3:47, November 21, 2008, http://www.nytimes.com/video/magazine/1194833565213/immersion.html

尽管现在大多数人玩游戏时还是老的传统方式——坐在屏幕前面，手里拿着手柄，不过游戏设计师们正在改变这一局面，而且是从根本上改变。在过去的几年里，独立游戏及主流的商业游戏都开始把有力的、协调的肢体运动作为游戏玩法的一个重要元素。

坐下来，集中注意力并使用双手——其实这种方式并没有什么错。事实上，现代教育和办公室工作都是基于此方式的，许多解决问题的方法和创造性的工作（解谜、修理东西、刺绣、写作）等也都是这样。相反，它是一个程度的问题。健康研究者们警告我们在日常生活中要多运动，[1]支持这一号召的设计师们已经在认真对待这件事情，尽管（也可以说是因为）他们因培养了久坐不动的年轻一代而受尽责备。事实上，游戏设计师和开发者们是创造新型肢体运动的先锋，[2]他们在这个过程中探索着新的情感领域。在本章中，我们将一起来看看肢体运动对玩家的情感和社交体验的显著影响。在过去几年里，我自己的研究就着重于理解运动对玩家们的影响，[3]所以本章中的很多案例来自于我们在实验室所做的工作。

首先，我会概述运动是如何直接影响情绪的，以及其中的原因；然后我会展示游戏设计师们运用运动来塑造情感和社会联系的三种方法——设置身体挑战来引发情感反应，运用运动来促进有趣的社交动态，以及使用身体作为一种工具来把玩家幻想的身份带到生活中。

动作和情绪

研究者们已经设计了一些巧妙的策略来搞清楚我们的身体是怎样影响情感的。比如，在一项研究中，研究者们让实验对象通过两种方法来用牙齿握住一支铅笔，同时还要完成各种各样的任务：要么噘起他们的嘴唇固定住铅笔

（激活脸上皱眉的肌肉），要么用他们的牙齿咬紧铅笔（激活脸上微笑的肌肉）。结果表明：第二种方式的实验对象中说自己喜欢这个任务的次数要多于第一种方式中的。[4]

一个人的身体姿势也可以影响他的情感。哈佛大学的社会心理学家 Amy Cuddy 在一个视频（这是被下载次数（2400 万次观看）最多的 TED 视频之一）中解释说，如果我在几分钟内摆出一个高能量的动作，那么与摆出一个低能量的动作相比（见图 3.2），不只是我内心感觉到更有力量，我身体里的化学反应也会发生改变，产生更多的睾丸激素和更少的皮质醇——一种释放压力的信号。[5]

图 3.2

高能量和低能量的姿势会影响一个人的自我状态，同时也会影响身体内的化学反应和冒险行为

来源：感谢 Jason Lee 提供图片（该图片首次出现于 J. Cloud, "Strike a Pose," *Time*, November 10, 2010, http://content.time.com/ time/magazine/article/0,9171,2032113,00.html）

基于身体的情感反应为游戏设计师们影响玩家情感提

供了额外的选择。孩子们在操场上的活动就是在很直观地使用这些反应。对于一场假的剑术较量，用假的宝剑和身体来表现打斗，要比坐在地上和朋友们玩百乐宝的骑士紧张得多。当你真的挥舞、阻挡、躲避及掩护时，你的身体和大脑都会有更深的体会。你是在使用你的身体来放大游戏体验。

在过去的10年里，每一个主要的游戏主机设备都已开始提供具有运动追踪功能的硬件。任天堂在2006年发布了Wiimote——一个可以通过嵌入式传感器来追踪动作的手持控制器，开启了这一趋势。在2010年，索尼发布了Move，微软发布了Kinect。这些广泛使用的设备使得游戏设计师们可以在游戏玩法上加入一些特定的动作，从而引发玩家的情感。如果游戏要求我疯狂地移动，我的大脑会收集到我的身体所发出的物理信号，我会真的开始感觉到有一些疯狂。比如，《Wii Sports拳击》（*Wii Sports* boxing，见图3.3）鼓励激烈的肢体运动，从而在玩家身上创造一种兴奋和高能的感觉。[6] 同样，《星球大战：原力释放》（*Star Wars*：*The Force Unleashed*）让玩家们活动身体来把屏幕上的敌人抛向空中，用Wii遥控器上一个简单优雅的摇动动作就可以穿越房间（见图3.4a,b）。在研究了类似这样的游戏之后，研究者们发现，对于基于运动的玩法和基于控制器的玩法，玩家的情感是不一样的。[7] 研究者们开始更系统地探索各种运动类型分别会导致怎样的感情。[8]

图 3.3

《Wii Sports 拳击》鼓励玩家们进行激烈的肢体运动，为他们在情感上创造一种高能的体验，这构成了他们行为结果的一部分

来源：感谢 Lindsay Fincher 提供照片（2008）

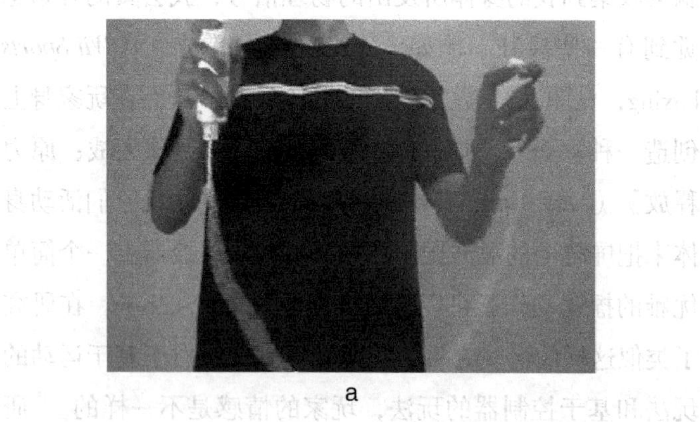

a

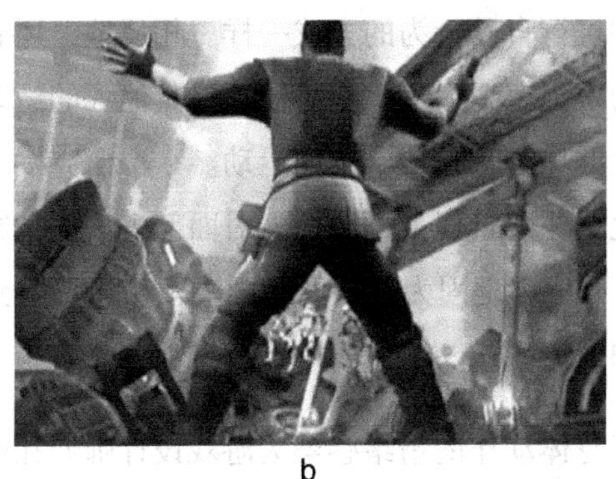

b

图 3.4 a,b

《星球大战：原力释放》配备了Wiimote和Nunchun运动手柄，允许玩家使用和Jedi Knights一样的“神力”。在这里，玩家用一个手势举起了几个敌人（https://www. youtube.com/watch?v=VuzFzsOhPKc)

来源：*Star Wars: The Force Unleashed* fan trailer, YouTube ("TNTv")/Lu- casArts (2007)

我们的一举一动不仅影响了我们自己的情绪，也会影响那些观看我们动作的人的情绪——从某种意义上来说，情绪是有传染性的。[9]我们的大脑倾向于获得和加入其他人的情绪。神经学家们已经观察到，当我们简单观察其他人的运动时，我们大脑中的某些神经元就会活跃起来，这些神经元正是当我们自己做出类似运动时大脑里会活跃的部分。[10]换句话说，我们的大脑似乎在模拟另一个人所做、所感觉的，通过我们的思维模拟他们的行动和反应，与我们排练和执行自己行为的方式一样。相反地，还有一些研究关注的是当一个人不能用身体模仿其他人的运动时会发生些什么，尽管只是很微小的运动。一个研究发现，与正常人相比，注射过肉毒杆菌的人对面部表情的觉察没有那么敏感，[11] 也许是因为他们的脸无法模仿出所看到的其他人脸上的表情。

基于身体动作的情绪感染为游戏设计师们在塑造玩家情感方面提供了两个优势。首先，任何观看别人玩游戏的人都会汲取并（在某种程度上）分享玩家行为所表现出来的情绪。当大家在玩基于身体动作的社交游戏时，这可以在房间内引发一场情感上的滚雪球效应。在图 3.3 里，围观者们的表情反映了这一点。第二，角色形象和 NPC 们可以用来影响玩家情感。如果一个屏幕上的角色通过身体动作展示了某种情绪的信号，设计师可以假设玩家会汲取并在某种程度上也感受到这种情绪。

比如，在 2011 年游戏开发者大会上，[12] 设计师 Dean Tate 和 Matt Boch 描述了在他们做出获奖游戏《舞动全身》（*Dance Central*）的最终版本之前测试过的多个游戏原型。有一个版本使用了 Kinect 设备上的摄像头来捕捉玩家的跳舞动作，然后把这个动作放到屏幕上，看起来玩家们真的像在游戏中跳舞一样。然而，很快他们就明显意识到：人们不喜欢在屏幕上看到自己，他们会意识并关注到自己在学习新动作时做出的那些笨拙尴尬的脚步。

设计师们意识到删除玩家视频，用一个自信、流畅的游戏角色代替屏幕上的玩家是更好的方案（见图 3.5）。从本质上来说，游戏中的舞者表现出了镇定和自信，这种有传染性的状态也感染了玩家们并且增强了他们的信心。

图 3.5

《舞动全身 2》里的游戏角色

来源：*Dance Central 2* (Microsoft Studios, 2011)；感谢 Shacknews 提供截图

通过这些例子我们可以看到，设计师们直观地利用了他们对于情感、身体、大脑和社交场合的理解来部署工具和策略，塑造玩家的情感。这些策略涵盖了从提供符合身体能力的物理挑战，到通过创造团体的身体挑战来建立人与人之间的纽带，再到使用角色扮演来产生新的情感，也

让玩家们尝试另一种身份。基于身体的设计拓宽了游戏在情感领域的可能性。

身体上的挑战：控制身体

正如我们在第1章中讲到的，伟大的游戏可以让玩家们保持在一个最优的心流状态，发挥他们的最高技术水平。这并不是偶然发生的，而是设计师们通过巧妙地准备、精确地分配挑战来创造出的引人入胜的体验。整个身体都可以用来做玩法，这让设计师们可以利用更多的情感力量，而这些力量在久坐的、手持控制器的游戏中是不可能获得的。通过增加更复杂、更困难的挑战及更丰厚的回报，它为玩家们增加了另一层次的愉悦感。学习掌握涉及全身的复杂动作可以带来一种身心上的愉悦感，运动员和舞者对于这种愉悦感是最熟悉的。紧张的肢体动作本身能释放身体里的化学元素，产生一种很 high 的快感[13]。

越来越多的运动游戏设计师们正在把这些因素加入考虑范围内，来为玩家们设计有吸引力的、让人惊喜的游戏体验。[14]例如，当《跳舞革命》（*Dance Dance Revolution*，*DDR*）10年前横扫大学校园时，它能提供的不仅仅是一个古怪和引人入胜的游戏体验，它实际上还重塑了玩家们的体形。许多学生报告说，在加入了校园俱乐部或在走廊和家里花很多时间玩游戏之后，自己的体重减轻了。[15] 研究报告说，久坐不动的青少年们在玩了一段时间 DDR 之后改变了对锻炼和健身的态度。[16]

除了增强兴奋和紧张感之外，游戏对身体影响的体验还可以拓展到更广泛的范围。放松和平静的感觉同样能够让玩家全身心地投入进来：平静呼吸可以舒缓一个人的情绪。比如，在基于 Kinect 的游戏《莉拉》（*Leela*）里，平静冥想（Stillness Meitation）模块使用了 Kinect 的摄像头和深度传感器来给予玩家关于他们呼吸情况的视觉反馈，促使他们进入更完全、更放松的呼吸周期（见图 3.6）。

图 3.6

《莉拉》的平静冥想模块对于呼吸的视觉反馈

来源：Deepak Chopra, ***Leela*** (THQ/Curious Pictures, 2011); 感谢 *Business Insider* 提供截图

还有很多其他游戏也是通过身体运动和呼吸来产生一种平静和冥想的游戏体验，例如早期的 Char Davies 的《渗透》(*Osmose*)（1995）[17]，以及近期的游戏《深处》(*Deep*)（2015）。《深处》结合了虚拟现实头盔 Occulus Rift 以及一个可以用来测量隔膜扩张和伸缩情况的定制控制器。该游戏的设计师希望用游戏来平复玩家们的焦虑感，制作这个游戏也是为了帮助他自己抗争焦虑。

玩家们似乎发现了一个强大而有用的工具。一位临床医学家 Christos Reid 在一次会议上尝试了这款游戏，他对自己的感受描述如下。

> 这很奇怪——我在努力看这个游戏，我的眼泪落在了 Occulus 头盔的底部，因为这个游戏比我之前尝试过的任何东西都更让我感到平静。大概 5 分钟之后我脱下了头盔，游戏设计师正在看着我——他参加过心理健康的讲座，知道我的反馈是很珍贵的。然后他问道："你觉得怎么样？"它真的让我感觉很强烈，我忍不住哭了起来。我试着想把话说清楚，但当时太情绪化了，因为我从未获得过这样一种效果显著的焦虑治疗方法。《深处》对我的帮助是前所未有的。[18]

游戏里的身体挑战并不总是需要特殊的硬件。魔术师

Penn 和 Teller 在 CD-ROM 繁盛期创作了（但未正式发布）邪典游戏（cult game）《沙漠巴士》（*Desert Bus*），[19] 玩家们需要使用键盘控制器来模拟在沙漠中长达几个小时驾驶一辆公交车的情况，最后不管在身体上还是精神上，玩家们都已经感到极度疲劳（见图 3.7）。

图 3.7

《沙漠巴士》通过要求玩家们在一个虚拟沙漠中长时间"实时"驾驶一辆难以操控的公共汽车来测试玩家们的耐力

来源：*Desert Bus* (Electronic Arts/Absolute Entertainment, 1995); 感谢 YouTube 提供图片（"Phrasz013"）

正如《纽约客》（*New Yorker*）评论人 Simon Parkin 所写的如下评论。

> 要完成一次单人旅行需要相当的耐力和注意力

来面对长时间的无聊情绪：车辆总是不自觉地往右倾斜，所以玩家们的手不能从虚拟方向盘上拿开；迂回的道路会导致公共汽车的引擎停转，迫使玩家回到游戏开始的地方；游戏不能被暂停。公共汽车没有任何虚拟的乘客来增加人情味，也没有任何的交通事故需要协商。路上唯一的风景就是奇怪的、被沙子覆盖的岩石或者路标。玩家们在两个城市之间每完成一次8小时的旅行就可以获得一个点，而成为《沙漠巴士》里的高分者也许是这个游戏最具诱惑力的事情。[20]

该游戏在2006年被复活，一群人决定通过它举办马拉松“旅行”，来筹集资金，创办一个叫作“希望的沙漠巴士”（*Desert Bus for Hope*）的慈善基金。到目前为止，他们已经通过举办年度巴士驾驶马拉松筹集了超过100万美元。[21]捐献者们显然相信，“驾驶”几个小时公共汽车这件事与其他更直接的身体消耗型耐力挑战（比如步行）一样值得支持。

在另一个基于键盘的、让玩家们能够敏锐意识到身体的存在和挑战的游戏里，游戏设计师PippinBarr和表演艺术家Abramović合作，将Abramović在她纽约Hudson研究所里为别人提供的体验做了适应和拓展。这些练习的目的是为了增强“你在当下和自己的联系”（这句话摘自游戏说明），而在情感上能打开几层高度取决于每个玩家的态度和方法。与《沙漠巴士》类似，这些活动虽然看似简单，但需要玩家关注一个人身体行为上的微小细节。比如，有一个游戏需要玩家们使用箭头键让他们的游戏角色走上一个坡道，要尽可能慢（类似于行走冥想）。与此同时，玩家必须持续按下 Shift 键来表达自己的存在和注意。好奇的读者们可以在网上试玩这些游戏。[22] 但要准备好投入一些时间和精力——那个网站要求玩家们签署一个证书保证他们会投入 1 小时来体验，开始之后一旦你放开 Shift 键游戏就结束了。

游戏艺术家们也探索过更黑暗的身体体验——通过身体的疼痛和伤害。在 2001 年，艺术家 Eddo Stern 和 Mark Allen 举办了一场游戏比赛，他们称之为“铁拳折磨锦标赛”（*Tekken Torture Tournament*）。在那时，铁拳系列是索尼 PlayStation 上最受欢迎的格斗游戏。在这个比赛中，玩家们会带上一个设备，当他们游戏中的角色被打时，他们的手臂就会受到电击（见图 3.8a,b）。这些电击不会造成永久性的伤害，但会引起疼痛；当玩家角色在游戏里遭受了沉重打击之后，电击还会造成暂时性的移动困难来模仿游戏里的角色延迟。玩家们必须签署一份很吓人的授权协议书，[23] 不过当它在美国、以色列、澳大利亚和荷兰的艺术场馆里巡展时，还是有很多热情的玩家参与比赛。

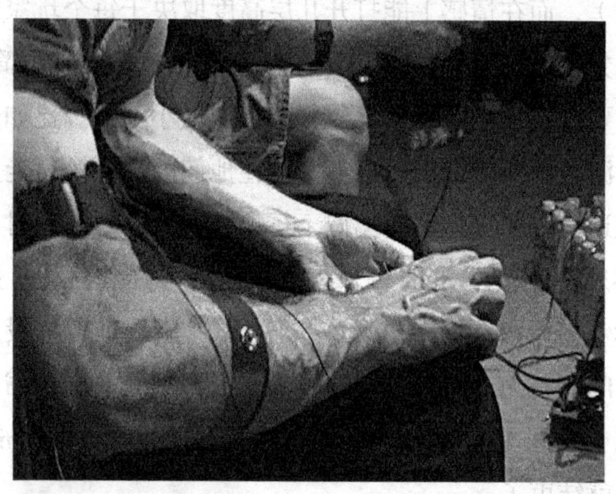

a

b

图 3.8a,b

在“铁拳折磨锦标赛”里，当屏幕上玩家角色受到伤害时，玩家本人的手臂会受到电击

来源：*Tekken Torture Tournament,* Eddo Stern (2001)

在探索身体疼痛和游戏的关系方面，德国艺术家 Volker Morawe 和 Tilman Reiff 走得更深一步，他们创造了一个真的可以造成身体伤害的游戏机器。他们的作品最初起名为 *PainStation*，但后来因为和索尼的版权纠纷而修改了名字。它有一个定制的游戏主机（见图 3.9），两个玩家在这里进行一场类似乒乓球比赛的比赛。[24] 每个玩家用右手控制他的桨，而左手放在主机上被称为疼痛执行单元（PEU）的地方。PEU 可以加热和执行电击，它还包含一个会弹出来抽打玩家的手的小电鞭，以造成真正的身体创伤。

图 3.9

PainStation 主机，2001 年被制作出来，可以对玩家造成身体伤害

来源：***PainStation*,** Volker Morawe and Tilman Reiff (2006)

我永远不会忘记我第一次看到 *PainStation* 运行的样子。当时这个游戏在旧金山的一个博物馆里展览，我当

时正在这里布置一个合作艺术项目（SimGallery）。[25] 在布展的过程中，艺术家和策展者们正在进行正式开展前的互相测试。我看了一轮展会策展者和他的助手之间的 *PainStation* 比赛。很快我就意识到，那个助手正在巧妙地让自己输，以避免给她的经理造成疼痛。我们其余的人目不转睛地看着，但同时也试图让自己看起来对比赛的结果不太感兴趣——我们都想保持自己和策展员工们之间的良好人际关系，所以并不清楚要以怎样的一种姿态围观才是机智和适宜的。身体受伤的可能性完全改变了游戏参与者原本符合的人体动力学规律。这是一种以迷人而恐怖的方式来示范身体赌注可以怎样彻底改变游戏过程中的情感和社交体验。

一起运动：设计社交动态和感觉

在第 2 章中，我介绍了合作行为对情绪的积极影响的研究。[26] 在可选方案里加入肢体运动的考虑让设计师可以加强对玩家合作的影响，他们可以把身体反馈和情绪感染所产生的情绪运用到游戏里，也可以通过人与人之间的距离和身体互动来编排情绪。研究者们可以通过观察玩家站一起时彼此之间的距离、他们如何安排自己的位置、何时及怎样触碰对方来看出他们之间的关系。[27] 当设计师们使用运动作为一种游戏机制时，他们可以重新安排身体接触的节奏、人与人之间的空间，也可以为了戏剧性效果安排身体合作的节点。那些把玩家们的身体调整到新的、意想不到的身体结构的运动能够触发强烈的社交和情感体验。让我们通过纯粹的竞争、合作的竞争和纯粹的合作三种方式来看看设计师们是如何在社交游戏场景中利用这些因素的。

纯粹的竞争

在日常的成人生活里，我们都会和别人保持一种礼貌的距离，避免挑衅的接触。而电子世界里的竞技体育游戏可以无视这些规范，创造巨大的社交和情感效果。独立游戏开发者们已经在商业游戏开发者之前率先开始制作这类游戏，也许是因为商业游戏开发者们认为这样违反社会规则有点太冒险了。

在鼓励我们突破身体的界限并且疯狂竞争的运动游戏中，最经典的案例就是由 Douglas Wilson 和 Copenhagen 游戏公司合作开发的 *J.S. Joust*（见图 3.10 a,b,c）。作为 2012 年独立游戏艺术最佳新游和最佳游戏的获得者（同时还是其他许多奖项的获得者），*J.S.Joust* 使用了为索尼 PS 设计的运动控制器，但玩家们可以互相看着对方，而不是看着屏幕。在这个多人游戏中，2~7个人拿着控制器，跟随音乐（巴赫的勃兰登堡协奏曲，也是游戏名字的由来）自由舞动，在此过程中需要试着不振动他们的控制器。翻倒或者碰撞控制器会触发一道光和很大的声音，该玩家就不得不退出那个回合。当音乐很快时控制器会变得更宽容一些，允许玩家们有一个简短的窗口期来击破一个又一个挑战。游戏过程可以很绅士也可以很粗暴，这完全取决于玩家们愿意怎么做。玩家们可以聚集起来对付某一个玩家，但最终只有一个玩家可以获胜。因此，竞争是可以变得非常激烈的。Wilson设计这个游戏的灵感来源于类似“鸡蛋和勺子比赛”的民间游戏，[28] 这种游戏为朋友邻居之间提供了一个挑战彼此的机会，同时让他们在欢快的氛围中感受到活力和紧张。确实，玩这个游戏的感觉就好像是抓人游戏和“鸡蛋和勺子比赛”结合在了一起，令人感到兴奋又滑稽。另一个使用了身体来增加竞技性的游戏就是2012年Indiecade的决赛作品，由艺术家和游戏设计师Kaho Abe设计的*Hit Me!*（见图3.11a,b）。玩家们佩戴着带有摄像头的头盔，每个头盔顶部都有一个按钮。玩家们要试着去按下对方头盔上的按钮。如果他们成功按下了按钮，那个头盔上的摄像头就会拍下一张照片。如果他们触发了一个按钮并且自己也出现在了那张照片里，则那个玩家就可以获得额外的分数。

a

b

c

图 3.10 a,b,c

J. S. Joust 游戏使用手持的运动控制器，没有屏幕，鼓励身体接触和激烈的追逐。如果你想看动态的 *J. S. Joust* 游戏，可以查看 Johan Bichel Lindegaard, ***Johann Sebastian Joust! at Amager Strandpark,*** Vimeo video, 1:09, June 4, 2011, https://vimeo. com/24662278

来 源：***Johann Sebastian Joust,*** Brent Knepper/Sara Bobo/Die Gute Fabrik (2014)

a

b

图 3.11 a,b

Hit Me! 要求玩家们按下别人头盔上的按钮来获得分数。游戏让玩家们进入了一种对抗的状态，在日常生活中他们可能永远不会这么对待他人。*Hit Me!* 游戏视频：https://vimeo.com/29638917

来源：*Hit Me!* (Kaho Abe, 2011)

围观者们和玩家们一样也能享受到这种奇怪和喜剧化的侵略方式，毕竟在日常生活中，我们很少看到人们试着去拍打别人的头部。设计师 Abe 是我实验室里的常驻艺术家。我在我的一个研讨会课程里让研究生们玩了 *Hit Me!* 这个游戏，游戏过程揭示了丰富和迷人的人际关系。事实证明，当学生们被要求违反他们的意志去（温柔地）敲打另一个学生的头时，不能通过他们的日常行为来可靠预测他们的反应，也不能用来预测他们会怎样进行这个任务。有一个平时非常礼貌的学生变成了一个充满活力和好斗的对手，无所畏惧地跳跃起来试图按到其他学生头盔上的按钮，身体语言极其搞笑滑稽。最有趣的比赛发生在这个学生和一个学过武术的男同学之间。他连续打败了其他的男生，但当遇到这个学过武术的学生时，他发现自己不能太强硬。所有的比赛都产生了迷人的社交谈判的空间和接触。游戏的头盔很荒谬，游戏规则触发的行为笨拙而愚蠢，但*Hit Me!*呈现出非常喜剧的效果，与酒吧的斗殴相比，这个游戏更有《三个臭皮匠》（*Three Stooges*）的感觉。然而，游戏感觉像是一种具有高风险的尝试。当你试着去按动对手的按钮时，你必须深入到他们的空间，然后用一种奇怪的、暴露自己的姿势跳起来。它让人感觉古怪、尴尬，是一种不适宜的社会行为。Abe 通过熟练的、精心设计的物理游戏机制，为玩家和围观者们创造了这种独特的、混合的感情。

合作的竞争（Coopetition）

在一个同时混合了竞争和合作元素的游戏中，玩家们可以在和自己的队伍分享积极情绪的同时，也享受到团队竞争的兴奋和活跃。这种类型的社交身体游戏对于任何玩过体育运动的人来说都会感到熟悉。事实上，运动游戏设计师们有时候会模仿体育运动，因为他们想要唤起体育运动带给我们的那种情感和社交体验。Senior Wii 的保龄球联盟就是一个好例子。由原始的任天堂 Wii 平台分发

的 *Wii Sports* 保龄球游戏模仿了真实的保龄球游戏的大部分结构，包括计分系统。玩家们使用 Wiimote 来模仿打球的过程，而不是在一条通道上旋转着扔出一个真的球。游戏非常适合那些因为种种原因不能出门玩保龄球的老年人们。许多玩家曾经玩过保龄球，所以他们都能适应游戏的行为、操作和框架。高级的 Wii 保龄球玩家有时甚至会把传统的保龄球社交礼仪延伸到虚拟游戏里，比如球队队服和友好的闲聊等。高级的 Wii 保龄球联盟（比如国家高级联盟）（National Senior League）[29] 通过互联网来让球队们参与比赛，即使他们身在世界各地，也不需要他们离开他们的中心，这对于真实的保龄球运动来说是不现实或者不可能的。这款基于运动的游戏增强了团队成员的愉悦感和合作感，特别是当他们超越了别人的高分并将自己的成绩发出去之后。同时它也增加了在本地中心为游戏加油的围观者们的兴奋感。

舞蹈游戏 *Yamove!* 也模仿了一项真实的团队体育活动，在这个案例中，就是 b-boy/b-girl 风格的舞蹈对战。舞蹈对战起源于 20 世纪 70 年代，与说唱文化及搓碟 / 混合唱片文化的兴起相伴，至今依然是风靡全球的一种有竞争力的文化形式。[30] 在这种对战中，舞者们互相竞争，在评委面前逐个单独表演。*Yamove!* 采纳并优化了这种形式，将它修改为一对对玩家之间的舞蹈对战比赛（见图 3.12 a,b）。

有研究表明，身体上的合作有利于联系情感和建立信任，[31] 受这一研究的启发，游戏要求玩家们即兴创作，展示出双方的舞蹈技能：目标是两个人一起跳的同时相互配合好。以搭档的形式而不是个人身份来接受评分，这强化了合作的好处，同时团队也可以体验到在观众面前进行团队竞争的兴奋。每个玩家都要在自己的前臂上捆绑一个移动设备（手机或者 iPod），团队竞赛有三个回合。舞蹈搭档的目标是高强度、同步和多样化的舞蹈动作，移动设备会追踪运动数据并给出分数。为了增加兴奋感，一个现场版的 MC（司仪，负责选择、混合和评价玩家在玩游戏时发出的音乐效果）会给予玩家们反馈，让他们知道自己当前的状态怎么样。游戏结果会出现在大屏幕上，不过这与其说是为玩家们展示，不如说是为围观者们展示，因为玩家们都在忙于让自己的眼睛盯着对方从而协调好舞步，保持一样的节奏。*Yamove!* 是 2012 年 Indiecade 的决赛作品，在 2012 年世界科学节上也有展示。[32]

a

b

图 3.12 a,b

Yamove! 是一款舞蹈游戏，玩家们需要配对进行游戏，做出一致的动作。游戏视频网址：https://www.youtube.com/watch ?v=N5igtl1X6Bg
来源：NYU Game Innovation Lab, *Yamove!* (2012)

像 *Yamove!*、*Hit Me!* 和 *J.S. Joust* 这样的游戏也有一些有趣的共同点——它们避免了使用一个大屏幕来给玩家们提供持续的、大量的反馈。研究人员发现，涉及两个人互相凝视的身体协调性活动更能产生强大的联系及相互之间的好感。[33] 玩家们看对方的次数越多，他们在协作中取得的结果就越好，后续产生的积极的社交效果也越强。因此，玩家们放在对方动作上的注意力越多，通过运动来唤起情感并驱动有趣的社交关系和体验的效率就越高。本章中提到的独立游戏使用了声音、触觉反馈和人力支持（类似 MC 主持人这样的角色）来打破玩家对屏幕的紧密的视觉依赖。我相信随着传感器和除大屏幕之外的其他反馈系统越来越多地渗透到我们的生活中，这种策略将会变得越来越普遍。

纯粹的合作

纯粹合作的身体游戏要求玩家们融合他们的行为和意图来实现一个共同的目标。通常这些游戏会重新调整玩家们的身体姿态，从而使人与人之间、群组和群组之间的传统空间距离感消失，引发新的情感和联系。

比如，《翩翩起舞》（*Bounden*）（2014）这个游戏要求玩家充分利用周围的空间。游戏需要两名玩家在同一个移动设备上来玩。两名玩家分别把拇指放在屏幕上，他们必须共同移动手指从而使一个虚拟的球体可见，并且共同倾斜和旋转设备使得这个球体沿着环形的路径移动。游戏的结果是玩家优雅地（相对来说）做出了由荷兰皇家芭蕾所设计的舞蹈动作（见图 3.13）。通过这样简单的游戏任务，《翩翩起舞》的设计师让玩家们彼此更加靠近，共同感受优雅，从而增加了亲密感与信任感。

图 3.13

《翩翩起舞》是一款移动设备上的双人游戏

来源：*Bounden* (Game Oven, 2014)

《忍者幻影武士》（*Ninja Shadow Warrior*）通过鼓励尽可能多的人挤在一起来使人们更加亲密。这个游戏被装在一个手工制作的街机柜子里，玩家们在一个虚拟的宫殿里遭受到了攻击，他们必须使用忍者能量把自己变成花瓶、树或者其他普通物体来进行隐藏。他们用身体来模仿物体的形状（图 3.14a,b,c）并在屏幕上显示出来。显然，由多人共同完成这个任务比单人来完成更加容易，所以高分都来自组队玩家。游戏通过这样一种方式来促使人们进行身体上的协作。这个游戏玩起来有点像 20 世纪 60 年代的猜谜游戏《说谎者》（*Twister*）。在《说谎者》里，玩家们扭曲自己的身体来使彼此亲密接触。《忍者幻影武士》推行了这种有趣的游戏形式：通过简短的游戏回合使玩家更加接近，并拍成照片发布在网络上。不足为奇的是，你可以在 Tumblr 上看到很多玩家参与《忍者幻影武士》的照片，有些玩家也会显得很害羞。[34]

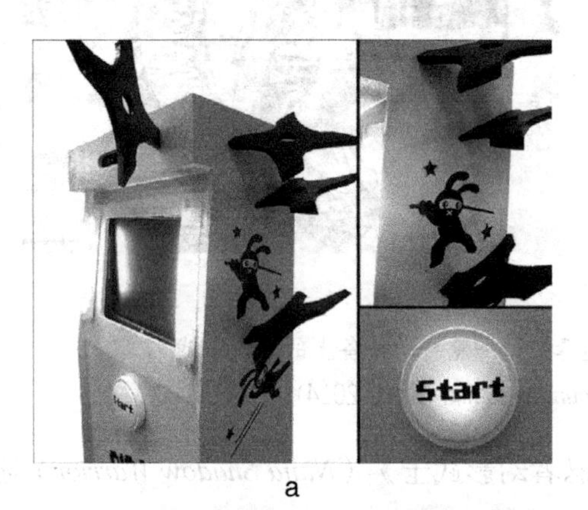

a

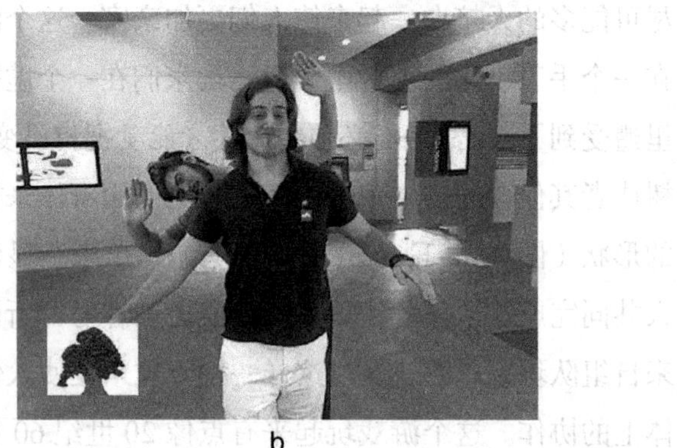

b

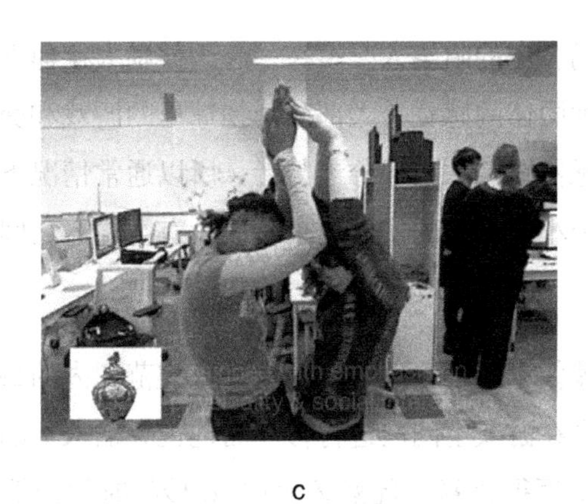

c

图 3.14 a,b,c

《忍者幻影武士》让玩家用身体来组成形状，并且任何部位不能越出界限

来源：*Ninja Shadow Warrior* (Kaho Abe, 2011)

《像素运动》（*Pixel Motion*）也采用了这种人越多越热闹的玩法设计。这个游戏由我的实验室开发，它是如何使用未来监控摄像头的研究项目的一部分。我们想探索监控摄像头除了作为公共设施之外的其他用处：如果每个人都可以进入我们周围的这些摄像头的话会怎么样？我们会怎样利用这种权利？我们在这个项目的研究中与贝尔实验室进行了合作，他们已经开发出了能在视频流中辨认出整体运动模式的运动流软件。这个游戏是为了泽西城（新泽西州）自由科学中心博物馆的一个公共空间所设计的。我们希望通过普通的活动创造出一种体验，可以真正地把

在公共场合中的陌生人凝聚在一起，鼓励大家建立联系并获得一种团体的感觉（大部分博物馆里的游戏和交互体验只用传感器跟踪一小部分参与者，所以通常情况下，只能得到各个小组单独的实验结果，而没有组与组之间交流的结果）。

在《像素运动》里，在摄像头监控范围内的每个人都可以通过在游戏空间内进行移动而把视频输入上的像素擦掉。为了赢得比赛，玩家必须在30秒的时间内擦掉足够多的像素。一场胜利后大家就在一起摆pose拍照，然后通过邮件或者Twitter把照片分享出去，留下永久的纪念。游戏的排行榜上会展示在游戏中获得高分的玩家照片。

项目团队对展示的视频和照片进行研究，以理解游戏中人群的流动。我们发现《像素运动》的设计激发了群组之间的合作，并且使通常不会混在一起的博物馆参观人群之间的界限变得模糊了。[35]可以通过胜利者的照片看到这些结果：胜利者们往往不愿意把自己重新归到原本所属的群组中（例如图3.15b，来自多个群组的玩家取得胜利后的一张合影）。这个游戏重新设定了群组之内和群组之间的物理空间，使人们在空间上融合在一起，从而潜在地消除了人们之间的社交障碍。

a

b

图 3.15a,b

《像素运动》使用监视器和动作传感器在陌生人之间建立起了身体上的合作

来源：MYU Game Innovation Lab, *Pixel Motion*（2013）

身体和假想身份

我们已经看到了掌握一项新的身体技能时所产生的强大情感力量，也看到了与其他人一起运动时所产生的社交与情感力量。基于身体设计游戏的第三个方面，就是让玩家利用自己的身体来培养假想身份，使情绪在一定范围内转变成为可能。

正如我们在第 1 章和第 2 章中所看到的，化身在游戏中扮演了我们假想的自己，从而让我们可以独自或与其他玩家一起扮演奇幻角色。通过在游戏中加入运动元素，给游戏中的角色添加物理动作，可以加强玩家的辨识度。比如在《星球大战：原力释放》（*Star Wars: The Force Unleashed*）（见图 3.4）中，玩家通过身体移动来体验虚拟力量。他们可以用夸张的动作捡起一个重物并将它投掷出去，同时他们会在屏幕上看到一个敌人被抛向空中。在这个例子中，一部分情感来自于代表着力量与自信的身体动作本身，另一部分情感来自于屏幕上代表着玩家的奇幻角色——绝地武士。这样，游戏设计师们利用玩家自己身体发出的信号增强了真正成为一个绝地武士的感觉——在身体上扮演一个奇幻角色并在感官上得到反馈，加强了奇幻体验。

在《星球大战：原力释放》中，屏幕上的敌人被抛向空中，加上其周围的游戏画面、音效模拟出的宇宙效果，这些都增强了奇幻体验。但是近些年，游戏设计师们也在试验没有屏幕和控制器的增强型身体假想玩法的方法和技术。这些游戏具有许多不同类型，包括真人角色扮演游戏（LARP）、随境游戏（pervasive games）和增强现实游戏[36]。真人角色扮演游戏的玩家们在真实的场景中扮演幻想的角色，通常还有配套的服装和假的武器。真人角色扮演游戏可以说是现代数字角色扮演游戏的前身，不过真人角色扮演游戏在今天仍然在以它自己的方式保持着繁荣（参考 http://knutepunkt.org，一个年度北欧真人角色扮演游戏会议的网站）。随境游戏也发生在真实世界的场景中，玩家在玩游戏时可以在多个地点之间移动。增强现实游戏则可以通过技术手段展现出被选作游戏道具的普通物体的隐藏信息。比如，玩家可以手持一个设备，将它放在物体上就能读到一段隐藏的数字信息。这三种游戏的社区已经成为探索如何增强玩家游戏、如何使玩家沉浸在富有想象力的奇幻游戏世界中的技术的先锋。

比如，图 3.16 a,b 展示的是一个高科技手套，叫作 Thumin，它是为了一款增强现实游戏《动力》（*Momentum*）而设计的。Thumin 能让玩家拥有发现隐藏资源的魔法。玩家可以操控它来找出隐藏在游戏场景里的 RFID 标签，当触碰标签表面时，手套就会轻微振动，表示魔法之源被发现了。游戏设计者解释道：“尽管是虚拟的，但当你戴着手套触碰物体表面——比如树的表面，你会觉得很真实。它会让你集中注意力在树上，而不是在手套或者别的虚拟物体上，这种可触摸的反馈加强了真实感。”[37]将设备的构成因素与增强传感器深入结合并应用到游戏世界中，能帮助玩家更加全面地沉浸到游戏中，并且提高他们的游戏表现。

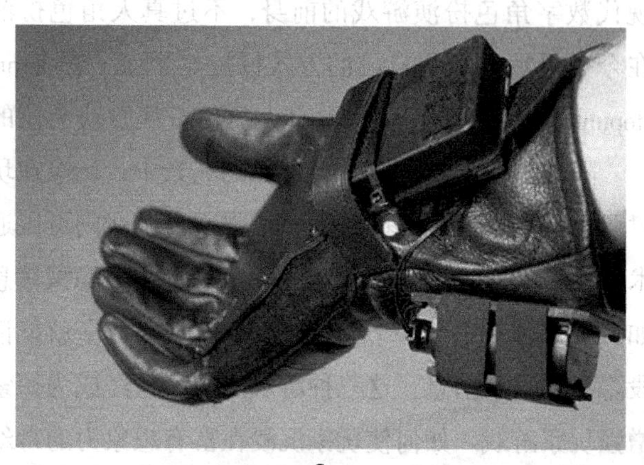

a

b

图 3.16 a,b

Thumin 手套使用了 RFID 和振动技术来帮助玩家在不同的现实游戏场景中寻找“有魔法的”物体

来源：*Momentum* (The Interactive Institute, 2009)

像 Thumin 这样的可穿戴设备还能提高玩家的社交奇幻体验。我的实验室中的一位艺术家 Kaho Abe 在家里设计了一款动作社交游戏 *Hotaru*，图 3.17 a,b 展示的是为这款游戏所设计的长手套和背包。这款游戏探索了角色扮演服装成为社交游戏控制器的潜在可能。[38]

在玩 *Hotaru* 游戏时，两名玩家需要穿着高科技服装—— 一名玩家戴着长手套，另一名玩家背着能量背包

（见图 3.17b）。两名玩家在游戏中的角色是互补的，背着能量背包的玩家负责收集能量，戴着长手套的玩家则消耗能量来打击敌人。两名玩家必须握住对方的手来传递能量。这种利用动作姿势和手势的设计是受到了一场名为《卡门骑士》[39] 的演出的启发，在这场演出中，可穿戴设备配合一个手势就能将一个普通人变为超级英雄。玩家合作进行游戏时，高科技服装会记录下玩家的行为，同时给予玩家身体上的反馈，就像本章前面描述的那样。这个游戏还能够传递情感，给予玩家和观众情感上的反馈，使其沉浸在游戏里。高科技服装让游戏中的奇幻体验感觉更加真实，社交游戏的玩法使玩家们相互依赖，当玩家们互相握手传递能量时便有了身体上的接触，使他们更加亲密。所以，*Hotaru* 在许多方面体现了本章所讨论的一些概念，同时为未来的游戏启发了新的可能性。

a

b

图 3.17 a,b

Hotaru 把可穿戴设备与游戏结合在一起，让玩家沉浸在奇幻角色中

来源：*Hotaru: The Lightning Bug Game* (Kaho Abe, 2015)

总结

我们的身体会在很大程度上影响我们的情感。现实生活中是这样，游戏里也是一样的。借助于移动游戏控制器和可穿戴设备，电子游戏设计师们现在可以把玩家身体本身当作一种媒介来塑造情感和建立社交连接。尽管有些策

略会让玩家觉得疲劳或疼痛，但它们可以让玩家的身体更加接近与亲密。通过挑战舒适区并结合科技、真实性与奇幻感，游戏设计师们正在创造一个更加丰富的情感调色盘。在将来，身体和运动在游戏中的重要性会被进一步强化。它们能够将身体与情感重新结合，优雅地增强与转变我们的社交互动行为，使我们展现出自己，或者扮演那个自己想成为的人。

事实上，游戏的这些发展也有可能朝着不同的方向进行，让我们对游戏意味着什么更加感到迷惑。哪个才是真正的我？我在和谁交流？如果没有增强可穿戴设备的话，我是谁？如果我们没有一起参与到技术增强角色扮演游戏里，那么我对你意味着什么？这些看上去像是新产生的问题，但其实我们的社会每天都在临着这些问题，例如化妆和服装这样无新意的“技术”也会引发类似的问题，又比如利用社交媒体来增强社会认同的行为也是类似的。此外还有来自环境的响应，以及增强现实技术带来的人和人之间的互动，这些将持续对我们能否厘清人性问题形成挑战。

第 4 章　消除隔阂，创造亲密感和联系

看一下人们在一个屋子里欢笑、跳跃、相互打趣的场景，我们就能看到传统的游戏在产生联系、同理心和亲密感方面的强大力量。然而在当代，玩家们记忆最深刻的某些瞬间、一些非常亲密和深刻的友情可能并不是建立在面对面的基础上的，像我们通常建立和表达情感的方式那样。一个旁观者可能永远也无法感受这些网络游戏带来的情感力量。

无处不在的联系已经明显地改变了人与人之间的日常交流方式，塑造着我们对交流和共处的理解。[1] 短信、Twitter、Facebook、邮件和博客为我们提供了许多关心他人的途径。游戏开发者们已经将网络交流以及由它带来的相处体验结合到了他们为玩家所提供的游戏中。尽管媒体常常报道通信方式的变化，以及由社会媒体带来的社会规范的改变，但他们似乎很少讨论或认可网络游戏带来的社会交互体验的改变。游戏设计师们将第 2 章中描述的情感联系——协同行动，基

于游戏形象的角色扮演——与网络连接的力量相结合，来为身在不同地方的玩家们创造出广阔的、具有情感意义的社交体验。在这一章中，我将讲述游戏设计师使用的三个策略：数字道具的分享与交换，夏令营式的游戏环境的培养，以及围绕游戏建立业余玩家与专业玩家的社区。

午餐便签

人们通过日常生活中的小事来展示和培养与他人的亲密关系：为孩子准备一个午餐便签或一些额外的菜，在邻居花园入口处留一袋马铃薯，早上为你的伙伴列出备忘事项，为朋友喂猫。互相赠送礼物、相互关心就像胶水一样，能够把人们联系在一起，能够稳固已建立的感情。[2] 我们也会与别人进行其他非对话形式的交流，来展示我们是谁、我们如何看待对方：通过邮件来进行一场国际象棋的游戏，通过扩展的社交网络与老同学保持联系，比如节日问候信、Facebook、谷歌，还包括偶尔会有的班级聚会。这些虽不是直接对话，但它们毫无疑问地加强了社交联系。

随着网络的普及，数字游戏也日益强大，它们可以提供这种类型的社交体验作为游戏玩法的一部分。比如《朋友们的文字》（*Words with Friends, WWF*）（见图 4.1），这是一个类似拼字的游戏，它要求两名玩家将词语填进棋盘中，同时获得分数来比赛。你和朋友玩游戏时可以采用任何你喜欢的出棋顺序——比如你走一步，然后他们走一步（这时 App 会通知你）。玩家不需要对话（尽管游戏提供了聊天功能）就能让游戏顺利进行。游戏中使用的词语就是一种交流形式，就像是游戏本身的韵律。研究人员 Amy Bruckman 向人们展示了《朋友们的文字》对现实生活中社交联系的影响，Facebook 为 Amy 与她的一位中学同学 Mike 匹配了一局游戏，而他们自从 20 世纪 80 年代起就再也没见过彼此了。

图 4.1

《朋友们的文字》是一款可以在手机上玩的类似于填字的游戏

来源：*Words with Friends* (Zynga, 2015)；感谢 Luke Stark 提供的手机截屏

> 与老朋友重拾联系的感觉非常好……我一直觉得网络上的联系并不真实，Mike提出下次我到纽约时我们可以一起喝咖啡。我觉得我很有可能接受他的这个邀请。在我们玩*WWF*之前，我根本不会想起他。这样，与朋友见面的可能性一下子从0变到很大——提升了好几个数量级。这是真正的重拾联系，如果没有网上的联系，这些都不会发生。[3]

像*WWF*这样的游戏节奏比较慢，它给人们提供了充分的空间来表达自己。玩家们喜欢将社交与日常使用的电脑和手机结合起来，这样的社交更像是任务导向的。这是一种将游戏与人们正在使用的软件相结合的简单方式，比如，*WWF*可以通过Facebook进行游戏，也可以在手机上下载单独的APP进行游戏。有时候，这样的游戏会给人一种和朋友坐在一起打牌的感觉。这种游戏本身可能无法吸引住玩家，但是它们可以提供一个切入点和一种分享的感觉，随着时间的推移能够逐渐吸引玩家。玩家们在力争取胜的同时表达出了自己的情感，竞争也为交流添加了乐趣。

数字游戏能创造出让人身临其境的奇幻世界，这给游戏设计师们提供了强大的工具来创建玩家之间的联系。有一些游戏需要玩家获取资源、装备和能量等，对于这些游戏，赠予和分享功能对游戏角色很重要。比如一般的大型多人在线角色扮演游戏（MMORPG）（我们在第 2 章中讨论过的《英雄城市》就属于这一类型）都允许玩家们互相给予物品。这些礼物在游戏中可能会有实际用途，同时也能表达出赠送者对被赠送者的情谊，并且赠送的内容与时间也能展现出玩家的个性。一位母亲与女儿一起玩了《魔兽世界》（*World of Warcraft*）之后发表了这段文字：

> 如果我承认自己不记得在游戏中收到的最好的礼物是什么了，你会觉得我是一个坏人吗？我确实收到了许多东西，但我记不起来是有原因的。它们是一些古怪的、微小的灰色和白色物品，当我女儿开始有信心独立玩这个游戏时，她乐于把这些东西打包起来送给我。在银行里我有一整排这样的纪念品——花束，低等级衣服，还有能满足女儿爱美之心的古怪灰色水滴饰件。如果她玩游戏时不让我站在她的身后，我就知道她发现了某些她喜欢的东西，我能清楚地看见她正站在镇子里，精心包装每一样礼物，如果她有足够的银子，她会给礼物附上一份甜点。这些礼物本身其实没什么特别，但它们承载了我女儿发现的喜悦和分享的期待，这些才是最珍贵的礼物。[4]

我们来看关于礼物的强大力量的另一个例子，这是由一位游戏记者报道的以采购为重点的游戏：《动物穿越：新叶》（*Animal Crossing: New Leaf*）（见图4.2a,b）。在游戏中，玩家们访问由NPC扮演的城镇居民来赚取铃铛，目的是建造一个家、添置家中物品，并维护城镇本身的健康发展。游戏的共同制作人Aya Kyogoku在游戏里邀请Totilo拜访并参观了她的城镇，Totilo如下描述自己的感觉。

> Kyogoku把我带到火车站外放着的一堆东西旁边。东西堆在我的脚边，她说："我给你带了些礼物。"那是几篮水果，还有一个包裹着特殊包装纸的礼物。她让我把礼物打开，里面是鲤鱼飘带，这是一种只有日本玩家会在五月儿童节收到的礼物。在美国版本的游戏中，我应该永远不会收到这样的礼物……很显然这不是一次单纯的旅游，这是一次友好的礼物推销。我们闲庭信步地走过一个旗帜，那上面刚好印着Kotaku的标志。阿谀奉承！之后，他们发给我一个二维码来生成这样的旗子。[5]

a

b

图 4.2 a,b

《动物穿越：新叶》是一款任天堂 DS3 掌机上的游戏。玩家住在城镇里，在这里他可以成为市长，与 NPC 扮演的居民或其他来拜访的真实玩家进行交流

来源：*Animal Crossing: New Leaf* (Nintendo, 2012)；感谢 Kotaku 提供的手机截屏

在这个场景中，游戏的设计者试图利用礼物的情感力量让游戏给人一种温暖的感觉。在后来的采访中，Kyogoku 邀请 Totilo 到她游戏里的家做客。写到这时，Totilo 很好地抓住了在游戏中进行分享所引发的那种莫名的力量，以及它是如何渗透到自己的情感里的：

> 我们一起拜访了 Kyogoku 的家。她进入家里，Eguchi 站在信箱旁。直接进去吗？是的，他们告诉我。这有些奇怪，可能是因为我刚刚接触《动物穿越：新叶》，也可能是由于这种奇怪的亲密感。这种感觉不仅是在虚拟游戏中一起玩耍那么简单。是的，我们正在玩一个游戏。他们显然在试图夸大它的优点并编写一个积极的故事。但忽然间我觉得我被利用了。家是一个私密的地方，走进别人——尤其是制作这个游戏的人——家里像是跨出了一大步。当然，这不是一个真正的家。我只是比自己想象中更加入戏。

《动物穿越：新叶》的魅力在于它创造了一个小的魔法世界，让玩家慢慢地尽情地在其中体验游戏，在这里玩家大部分时间都是独自进行游戏，而有时则需要与别的玩家一起度过游戏时光。每一天都不一样。季节会变化，太阳升起又落下，晚上天空布满繁星。如果你在冬天进入游戏，会发现里面在下雪。NPC 生物和角色会向你问候，与你分享新闻。一个玩家这样说道：

> 这是《动物穿越：新叶》最最天才的地方。不像有的游戏让你紧张一阵子就结束了，这个游戏给你的是更长、更慢的体验。它每天都吸引着你。每天早上你都会关心不同水果的价格，看一眼虚拟朋友们正在做什么。这是我投入精力最多的一款视频游戏，有时我简直会觉得这样对我的健康有好处——或者可能任天堂正在对人类进行一些奇怪的实验吧。[6]

玩家的任务是在游戏中植物和动物随着季节变化时搜集物品。有时你会邀请别人进入游戏世界，分享它的神奇。就像你会带一个朋友去你最喜欢去的地方，在那里你会像孩子般地玩上几个小时。这种分享的感觉与在社交媒体上更新状态、发布照片的感觉完全不同，因为它发生在游戏的魔法圈的环境中。魔法圈是在 20 世纪 30 年代由荷兰历史学家和文化理论家 Johan Huizinga 创造的一个术语——一个安全、有界的环境，玩家在其中可以将奇幻与真实结合在一起，并因此使得更自由更自如的社会联系和情感表达更容易发生。[7] 被邀请进入别人游戏里的家、收到一个礼物，这些能引发强烈的情感，还带着魔法圈的安全感，多么迷人和强大的组合。

一键之隔的夏令营

在第2章中，我们讨论了游戏设计师们为玩家们建造的社交场景，意在引发某些特定的社交和情感效应。比如，游戏《让我占领》（*Keep Me Occupied*）的设计目的是提升奥克兰占领阵营活动参与者们的士气。游戏使用的街机是根据人们在真实的时间和空间进行游戏而特别设计的，目的是强调他们的集体精神和力量。网络游戏设计师们设计出的虚拟环境就像是被增强过的现实世界中的场景，用它们为远在各地的玩家们创造出同僚之情。大型多人在线游戏中的故事让我们感觉很像是从现实生活中采集来的奇闻异事（尽管加入了奇幻元素）。比如，学术研究员 Celia Pearce 在研究一款大型多人在线游戏 *There.com* 时描述了一个场景：玩家在混乱的游戏里骑着一辆颜色鲜艳的折叠式儿童车追赶一个球。她打算将这记录到她的研究中。

> 如果你身处运动场中的折叠车队，你就很难看清一切。所以我跳下折叠车穿上我的飞行衣。我飞在空中，并对眼前这一切拍了许多照片。游戏场景太混乱了。你可以从人群发出的喧闹声听出来他们非常快乐。[8]

得益于她在空中的有利位置，Pearce发现那个球藏在了一棵高大的树上，而她的游戏角色Artemesia可以拿到球。在其他玩家的呐喊鼓励下，她试着把球从树上拿下来——却发现自己被吸进了球内。

> 这时我停止了拍照，因为我太忙了（这是一边玩游戏一边做研究的缺点之一），但我很快意识到我可以操控这个球，所以我用方向键让球从树上重新滚进运动场。人群发出呐喊并给我让出一条通向运动场中心的路，我走过去，把我的手从方向键上移开，为下一次全力攻击做准备。就这样，在接下来我成为了那个球。[9]

Pearce认为这是她研究的转折点，从主要是观察者转变为加入并积极参与的对象。如果你曾经参加过夏令营，那么你对于从旁观者转变为快乐的参与者的过程应该不会陌生。这里使用夏令营的体验做类比是因为夏令营里的活动也需要大家共同参与，也是一个认识自我同时学习与他人相处的环境。传统夏令营一般都开设在荒郊野岭，这样营员们就必须更加独立以满足自己日常的需求，有时大家需要共同探索一个具有挑战的环境。夏令营的目的就是促使营员离开舒适区，帮助他们与别人一起学习新的技能，从而受益终身。[10]

游戏设计师们通过结合细心设计的虚拟世界、游戏动作和精心制作的游戏形象，来为玩家们创造夏令营般的体验。网络游戏让玩家们能够探索未知和具有挑战的领域，并与其他玩家分享体验。这种在网络上分享的体验与参加夏令营的体验很像，鼓励个人成长，并加深相互之间的联系。游戏设计师们通过设计积极的游戏环境来提升玩家们的情感和社交体验，而他们因此获得的赞赏还远远不够。

饱受赞扬的独立游戏《风之旅人》（*Journey*）（见图 4.3a,b）有意地在合作探索和冒险方面进行了设计，是这方面的一个优雅而简洁的示例。《风之旅人》发行于 2012 年，目前已经赢得一系列荣誉，包括多项英国电影与电视艺术奖和游戏开发者选择奖。《风之旅人》是索尼 PS3 上的一款游戏。就像游戏的名字那样，游戏为玩家提供了一段风景美丽且具有挑战的旅途，游戏操作简单，玩家把注意力放在穿越游戏场景上即可。《风之旅人》的主设计师 Jenova Chen 说他想给玩家一种渺小的感觉，就像宇航员走在月球上的感觉。他介绍说，许多游戏给玩家提供了魔力、枪炮和超级能量，让玩家觉得自己很强大。而 Chen 想让玩家在雄伟的游戏场景中体验敬畏之心。[11]

a

b

图 4.3 a,b

《风之旅人》让玩家在令人敬畏的环境中感受到自己的渺小。在游戏中，玩家进行没有文字的合作，探索游戏地形

来源：*Journey* (thatgamecompany, 2012)；感谢美国索尼电脑娱乐公司创作 *Journey*

《风之旅人》中的设计选择都是围绕这个愿景做出来的。游戏中的人物是一个矮小的穿着斗篷披着围巾的形象（见图 4.4）。与第 1 章中描写的一些游戏不同，《风之旅人》

没有给玩家提供个性化游戏角色的选择，只是随着游戏的进行，会在玩家的斗篷上略微标记出玩家获得的经验。微小的游戏形象出现在雄伟壮丽的地图里，让玩家感觉到渺小与孱弱。操作游戏角色的魅力在于穿行于游戏地图里的神奇感，以及游戏角色与游戏世界对于玩家的操作所做出的细微响应。游戏评论员 Erik Kain 说道："即使只是漂浮在一个巨大的流动的沙滩走廊里也能给人一种惊人的体验，而且你能控制游戏角色的浮动，让你觉得这不仅仅是虚拟视觉效果，更是能够参与的有趣体验。"[12] 另一个评论员说："你可以按下 X 键，然后感受你那穿着斗篷的游戏角色离开沙漠层，像微风中的落叶一样上下浮动的感觉。玩《风之旅人》就是在体验游戏内难以置信的光线效果……玩《风之旅人》就是在感受灵魂摆脱了肉体束缚后的自由感。"[13] 还有一位评论者把在《风之旅人》中跳跃的感觉与童年在月球上行走的幻想联系在一起，描述如下。

> 孩子们并不想像宇航员那样在狭小的空间站做实验，他们只是想在月球上蹦蹦跳跳，一跳一大步。然而大部分孩子无法实现这个梦想，我们就在他们的生日聚会上给他们提供了充气蹦床，当然，还给了他们这款电子游戏。[14]

图 4.4

《风之旅人》中的玩家角色正在跳跃

来源：*Journey* (thatgamecompany, 2012)；感谢美国索尼电脑娱乐公司创作 *Journey*

《风之旅人》具有迷人的游戏体验和情感吸引力，再加上令人回味的音效，似乎天生就适合一个人独自品味游戏。但它的设计师也在努力提高多人游戏的体验。除非与别的玩家一起，否则单独的玩家无法参与游戏内的所有活动，也看不到所有的神奇效果。每个玩家都会时不时地在地图里发现另一个玩家，这是由网络随机分配的。游戏设计师们采用了一种极简主义的方式来实现玩家之间的沟通：游戏角色只能发出一种叽叽喳喳的声音。他们必须密切注意对方，并且不断尝试游戏动作来发现如何在游戏中进行配合。一个玩家认为这种没有文字的配合给了他强大的游戏体验：

> 这个游戏把对另一个玩家的依赖编写在程序里，这使它十分迷人。当我开始攀登最后几个山坡时，周围的风和龙变得更加可怕，我感到更加绝望了。当我爬上山坡时，我发现自己与另一个匿名玩家紧贴着彼此。当我被龙扔在一边，受着伤躺在雪地里时，那个玩家为了我跑了回来。我们一起向上爬。这时，单独攀登的想法从我的脑子里彻底消失了，尽管之前大部分时间我都是一个人在独自游戏。《风之旅人》采用了一种其他多人游戏没有使用的方式，让我发现友谊的重要性。说实话，没有哪一款我玩过的大型多人在线游戏让我有这种感觉，但在《风之旅人》里，战斗的同时伴随着友谊。这一点影响深远。[15]

《风之旅人》的设计师们使用了角色形象设计、物理响应、大量雄伟壮观的地图景观和音效，以及强大而极简的协同合作和交流的工具，来为玩家们创造了一种戏剧化的、影响深远的游戏体验。在情感上，玩这个游戏能引发一种在真实世界中与他人一起面对一个临时而具有挑战的冒险任务的感觉，比如在河中进行漂流或是一次夏令营之旅。如果你没玩过这样的网络游戏，那么它能带给你的愉快和真实的游戏体验会超乎你的预估。

以社区建设者的身份进行的群体游戏

《风之旅人》这种强大简洁而又需要玩家互相依赖的设计为游戏设计师们探索了网络多人游戏方面的更大机遇。无论何时，只要玩家们聚集并持续参与到游戏世界中，他们之间的互动都可以被塑造成积极的游戏体验。为了走得更远，游戏玩家们会把自己的命运和同伴们捆绑在一起，同时也享受互相帮助和一起解决问题所带来的乐趣。电脑和网络让这种结合在更大范围内成为可能。

多人在线网络游戏里，玩家组织聚会、发起攻击，或进行其他游戏内业务时，需要通过语音或文字进行实时的计划与沟通。大型多人游戏通常会有类似于帮派或协会的组织，其中会包含数百玩家，这些组织会持续数月或数年，而且拥有自己的规范和文化。设计师们已经意识到，当把延伸玩法嵌入到为群体行为所设计的可理解的人类社会行为框架里时，它们会变得更加有意义。[16]

玩家和学者已经撰写了许多关于长期在虚拟世界中进行游戏而形成强大的社交和情感纽带的文章。[17] 但很少有人探索另一种网络游戏中的社区建设能力，那就是异步大规模游戏（玩家在不同时间参与同一游戏），比如游戏《朋友们的文字》（*Words in Friends*）。拼写一个词可能是一个独自的行为，但玩家可以从彼此的行动中学习，享受跟随他人的思维过程的独特乐趣。在日常生活中，我们从观察别人的行为中学习，汲取理论和实践的细微差别，因而我们每次接受新任务时不需要完全从头探索全部工作。[18]游戏允许我们在很大范围内观察彼此的游戏战略，并允许创建专业的知识社区，就像围绕爱好建立的社区那样。例如，钓鱼者喜欢独自旅行，但他们也喜欢与他人一起规划旅行，讲述他们旅行的故事，以及学习彼此的经验。围绕爱好建立起来的人际关系能给人带来很大的快乐。异步大规模网络游戏可以产生与之类似的情感和社交乐趣，但其性质与同步行动的乐趣非常不同。它们结合了独处的喜悦与对他人的知识和专长的欣赏。在某种意义上，也许这是提供给性格内向者的大众社交游戏。

参加一个伴随着疯狂的语音聊天的激烈混战可能不适合我，但我很享受 *Foldit*（见图 4.5）给我带来的智力上的考验与同伴的称赞。在这个游戏里，玩家们要尝试折叠新的和更高效的蛋白结构。这个游戏有助于实际的科学研究，可以帮助科学家发现新的蛋白质，以抗击包括艾滋病和癌症在内的疾病。[19]华盛顿大学的研究人员设计并优化了游戏，以便非专业人员可以快速掌握一些基本的蛋白质折叠策略，然后开始自己优化其结构。

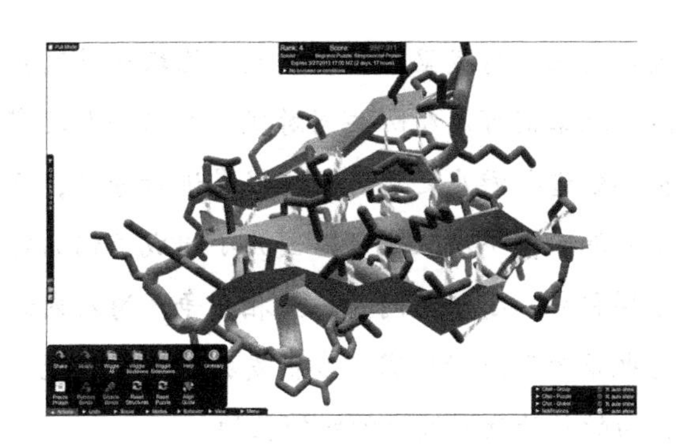

图 4.5

Foldit 是一个蛋白质折叠游戏，它把现实世界中的一个有挑战性的实际问题展现给了业余玩家。玩家们的游戏成果已经被发表在《自然生物》（*Nature Biotechnology*）杂志上(Christopher B. Eiben, Justin B. Siegel, Jacob B. Bale, Seth Cooper, Firas Khatib, Betty W. Shen, Foldit Players, Barry L. Stoddard, Zoran Popovic, and David Baker, "Increased Diels-Al- derase Activity through Backbone Remodeling Guided by Foldit Players," *Nature Biotechnology* 30, no. 2 [2012]: 190–192, doi:10.1038/nbt.2109)

来　源：*Foldit* (Center for Game Science at University of Washington/UW Department of Biochemistry, 2013)

Foldit 为玩家提供了低调的、异步的且可分享的乐趣，并借助奖励系统强化合作。奖励系统能提供多种类型的奖励。设计师们设计了一个总的排行榜来展示顶级玩家们，同时也根据谜题类型对玩家做了分类排行，包括个人玩家和组队玩家。游戏的创作者解释说：

这个游戏并不要求某个玩家分别与其他每个玩

> 家进行对抗。游戏里有很多聊天、论坛等社交互动功能。玩家们可以组队共同游戏。所以个人玩家可以在单独进行游戏之后与队伍成员进行分享，互相查缺补漏。整个团队都可以因为小组成员们的行为而赢得积分，小组之间也在互相竞争。游戏内的排行榜也是为了激励玩家。我们支持不同的技能、奖励，为的是让玩家做他们所擅长的。[20]

Foldit 中的顶级玩家在为团队做贡献的同时还做了许多单独的工作，例如优化和调整他们的蛋白质结构，并与团队成员相互交流，分享操作过程。有些被 Nature Video[21] 采访的玩家讲述了当他们成功优化了一个结构时的感觉。一个玩家说："当你做对时，你会看到蛋白质移动并改变形状，同时你会得分，你的排名也会上升，这时你的肾上腺素也会开始分泌。"另一个玩家说道："当论文发表时，我感觉自己成为了一名科学家。也许有这种幸福感的时刻只占全过程的 10%，但它足以让你渡过那剩下的 90% 的想一头撞在墙上的时间。"

这些 *Foldit* 玩家描述了在团队挑战背景下进行单独游戏的快乐，他们知道这个游戏与实际的科学进步有关。他们的情感回报来自于整个社区对他们努力的肯定，这也是他们在游戏中深深享受的东西。就像一个玩家说的："对我来说，玩这个游戏有一种负罪的快乐感，但在这里我真正参与了科学世界的研究。它让我感到骄傲，而这本质上只是一个小小的爱好。” *Foldit* 巧妙地将独自游戏的乐趣与利用专业知识做贡献的快乐结合在一起。创作这个游戏的科学家很明显已经从玩家社区收获了价值，他们在《自然生物》等期刊上发表了论文。[22]

总结

网络的普及为游戏设计者提供了一种将人们聚集在游戏中分享情感经历的方式。网络游戏通常使用与日常生活类似的活动来增进玩家的感情——赠送礼物、分享爱好和特殊藏身地、一起“走出去”寻找情感变革的共同体验。

当然，隔着屏幕来为玩家创造社交和情感体验有一些缺点。不像《哈利波特》中的赫敏能够利用时间调节器让自己同时出现在两个地方，我们每个人在同一时间只能在一个地方做一件事。当我们把注意力放在网上的人和事时，我们必然会忽略身边的事物。Amy Bruckman（之前对《朋友们的文字》进行评论的研究员）最终因为这个原因放弃了游戏。她说游戏渐渐地占据了她的生活。她描述了游戏如何渗透进她的闲暇时间，比如在校门口等着接孩子的时间，虽然这看上去并没有什么坏处。等待接孩子的过程中，她通常有五分钟的时间：

> 这看上去是玩《朋友们的文字》的绝佳时机，对吗？但我如果玩玩这个，玩玩那个，就会耽误我接孩子。所以我收起了手机，但我的大脑还在想着游戏（什么单词以u结尾？Tofu？Bayou？），而不是关心今天学校里发生了什么。直到我想出了答案，才能回过神来。而且似乎一整天我的脑子里都是游戏。所以我花在游戏上的时间远比看上去的要多。由于可以在手机上进行游戏，更使得诱惑无处不在。[23]

对一个人来说，网络游戏世界中的交互节奏可能无法与他在现实世界的交互节奏很好地融合。当它们出现冲突时，我们能做些什么？应该优先发展哪一方？我们如何了解我们所扮演的角色和我们在这些虚拟的社会环境中面临的挑战？游戏为玩家提供了一个精心制作、情感充沛并且可以自主社交的体验，这对于他们在更加复杂、不确定的现实世界中成长会是一个潜在的危险吗？或者我们是否低估了玩家的自控力和责任心？也许这取决于他们现在生活的忙碌程度。

由网络所建立的关系的另一个危险在于数字社区形成并依赖于脆弱的基础。如果一个游戏不再产生盈利，它的创作者可能会将它关闭。第 2 章中讲述了当《英雄之城》关闭时玩家对它的回忆。下面是另一个玩家对这件事的反思：

> 它不同于一个电视节目被取消。一个电视节目被取消后，你仍然可以通过 DVD 观看它，并与错过它的朋友进行分享。它也不同于一个好游戏取消了续集。当服务器关闭的那一刻，这个游戏就彻底 over 了。我再也无法进入游戏，我再也不能向别人展示这个游戏，再也不能将它从回忆中释放出来，给它一个好的结局。它对我来说不仅仅是一个游戏，它是一个爱好。八年来我每周都对它投入时间。它就这样 over 了！[24]

Celia Pearce 在书中[25]记录了他在名为 *Uru* 的大型多人在线游戏（MMO）中遇到的一个玩家的故事，这个玩家在游戏关闭之后想要维持游戏社区。于是他与别人一起，在包括《第二条命》（*Second Life*）和 *There.com* 等其他 MMO 中重建了 *Uru* 的配置、服装和交互系统。Pearce 对于玩家们复制原始游戏地图的程度之深感到非常惊讶，而且他发现玩家们对此十分支持。MMPO 设计师们[26]发现，许多玩家在不断地从这个游戏换到那个游戏时，每次都会在游戏中重建一些固定的东西。玩家们（就像 *Uru* 的玩家）

有时会组队从这个MMO换到另一个MMO，在新的游戏环境中保持原有的社交关系。因此，在某种意义上，一个人的身份和社交关系在不同的游戏世界中可能保持不变。

第2章还讨论了关于网络游戏可以形成灵活身份的试验，而且这种身份可以与现实世界中的身份和人际关系相关联。通过这些游戏，我们可能会发现旅途伙伴不仅在游戏中帮助着我们，还会在实际生活中给予我们帮助。就像Turkle说的：

> 虚拟世界并不一定是一个囚牢。它可以是木筏，是梯子，是过渡空间，通往更大自由的过渡空间。我们不必拒绝屏幕中的生活，但我们不能把它当作现实生活的替代品。我们可以把它当作成长的空间。随着我们将在网络中呈现的人格形象带入现实生活中，我们会越来越意识到网络对日常生活的影响。就像人类学家从对国外文化的研究中回到对本土文化的研究，虚拟世界中的旅行家也将带着对网络的深刻理解回到现实世界。[27]

一些人认为，网络游戏中建立的社区和联络可以用于改善广泛的非游戏环境。[28]无论这种观点是否正确，至少本章中被引用的玩家们认为网络社交游戏使他们得到了极大的满足感，丰富了他们的生活。伴随着诸如Facebook

和 Twitter 等社交软件的兴起，网络游戏也正在成长。有些人声称网络游戏的发展与生活中第三空间的缺失[29]和形成社会资本的需求[30]有关。游戏学者们一直争论着游戏在社会和情感生活中[31]，以及在文化的形成过程中的特殊地位。[32]

父母、老师、社区和社会评论员们似乎好不容易才观察到技术的隔离效应。当然，我们仍然需要探索网络游戏对儿童、成人和社区带来的影响。但是如果我们知道我们希望游戏为孩子和社会带来什么，那么游戏设计师们就可以利用独特的工具来帮助创建微妙的连接和支持。

我们的工作、科技、闲暇时光、家庭生活之间的关系正变得日渐紧密，而这也引起了我们的某些担忧，在我看来，游戏设计师们的这些工具可以为此提供解决方案。在网络游戏中为孩子提供一个虚拟的礼物，或者帮助一个陌生人闯过让人害怕的关卡，这些温暖人心的举动也许会使人们之间的距离更近一步。在我看来，许多事情远比一起玩高品质游戏要“浪费”时间。

写在最后：一些思考

本书开始时我曾声称，相较于其他媒介，游戏更能带我们进入不同的情感领域。在前面 4 章中，我们已经详细了解了游戏中的特定设计技巧，这些技巧唤起了个人玩家和集体玩家的强烈情绪。我们已经看到了许多睿智的设计，比如可以自定义的游戏形象，以及它们在游戏世界里的交互方式，这些最终会强烈影响人们在游戏环境中连接和交流的方式。我们已经看到游戏设计师是如何利用现实生活中所知道的社交方式——赠送礼物、共同度过难关、身体上的亲密接触——来为玩家创造强烈的情感联系与交流。也许你还没有完全被我说服，但你至少应该可以接受这一观点：作为一种创新的媒介，游戏和许多其他媒介一样，能够反映我们人类的经验、将我们带入新的情感领域。

在本书的写作中，我使用了很多类比——团队运动、钓鱼、扮演超级英雄、照顾邻居的宠物，以帮助那些不常玩游戏的读者体验令人惊奇的美学形式。我没有用武器、激光和宇宙空间相关的游戏来举例，也是出于同样的原因。当然，那些游戏也具有强大的情感力量，并且我完全没有轻视那些本书未涵盖的游戏类别。作为游戏研究者，我的目标之一是使游戏的情感调色盘更加丰富，所以我从尽量广泛的范围选择示例。游戏包罗万象，而有它还有很大的空间来容纳比现在更多的游戏类型和形式。我希望读了这本书的开发者们能受到启发，继续优化他们已经做得很棒的工作——为了游戏的乐趣和启发而做出改变，正如 Leigh Alexander 所说。[1]

感谢你花时间读这本小书。现在你应该对游戏如何从情感上打动我们有了更深更细的了解，这会帮助你更好地理解游戏，思考游戏对自己和周围事物的意义。你可以与朋友们交流你们对游戏的不同看法，共同进步。

我想以一段关于游戏（关于《旅途》这个游戏）的评论来结束本书：

> 在接下来的游戏里，我感到既精疲力竭又充满考验。现在我将何去何从？我感到疑惑。太困难了。这时，我想起了一小时前亲眼目睹的幸福时刻——跳过沙丘，温暖的阳光洒在肩上，年轻和自由的力量让我越跳越高！然而，现在我却耷拉着脑袋，咬着牙，走在冷风中，承受着成年人的痛苦。那些让人感激的时刻仿佛仍在发生，回头看看，这一切是

多么短暂。但却再也回不去了，你别无选择，只能勇敢向前。所以我这么做了，你也会这么做的。这就是游戏的轮回。[2]

参考文献

第 1 章　一系列有趣的选择：情感设计的构建模块

1. Alan Burdick, "Discover Interview: Will Wright," *Discover*, August 1, 2006, http://discovermagazine.com/2006/aug/willwright (accessed August 24, 2015).

2. Katie Salen and Eric Zimmerman, *Rules of Play: Game Design Fundamentals* (Cambridge, MA: MIT Press, 2004). Jesper Juul, *Half-Real: Video Games between Real Rules and Fictional Worlds* (Cambridge, MA: MIT Press, 2005).

3. Andrew Rollings and Dave Morris, *Game Architecture and Design* (Scottsdale, AZ: Coriolis, 2000).

4. Phoebe C. Ellsworth and Klaus Scherer, "Appraisal Processes in Emotion," in *Handbook of Affective Sciences* 572 (2003): V595.

5. Carien van Reekum, Tom Johnstone, Rainer Banse, Alexandre Etter, Thomas Wehrle, and Klaus Scherer, "Psychophysiological Responses to Appraisal Dimensions in a Computer Game," *Cognition and Emotion* 18, no. 5 (2004): 663–688.

6. Steven W. Cole, Daniel J. Yoo, and Brian Knutson, "Interactivity and Reward-Related Neural Activation during a Serious Videogame," *PLoS ONE* 7, no. 3 (2012): e33909, doi:10.1371/journal.pone.0033909.

7. Mihaly Csikszentmihalyi, *Finding Flow: The Psychology of Engagement with Everyday Life* (New York: Basic Books, 1997), 50.

8. Jenova Chen, "Flow in Games," MFA thesis, University of Southern California, 2006, http://www.jenovachen.com/flowingames/Flow_in_games_final.pdf (accessed August 24, 2015).

9. Nicole Lazzaro, "The Four Fun Keys," in *Game Usability: Advice from the Experts for Advancing the Player Experience*, ed. Katherine Isbister and Noah Schaffer (Burlington, MA: Morgan Kaufmann, 2008), 317–343.

10. http://chrishecker.com/Can_a_Computer_Make_You_Cry%3F (accessed August 24, 2015).

11. Richard Rouse, "Games on the Verge of a Nervous Breakdown: Emotional Content in Computer Games," *Computer Graphics* 35, no. 1 (February 2001), http://www.paranoidproductions.com/gamingandgraphics/gg2_01.html (accessed August 24, 2015).

12. Donald Horton and Richard R. Wohl, "Mass Communication and Para-Social Interaction: Observations on Intimacy at a Distance," *Psychiatry* 19, no. 3 (1956): 215.

13. Lawrence W. Barsalou, "Grounded Cognition," *Annual Review of Psychology* 59 (2008): 617.

14. Burdick, "Discover Interview: Will Wright."

15. Miguel Sicart, "Defining Game Mechanics," *Game Studies* 8, no. 2 (December 2008), http://gamestudies.org/0802/articles/sicart (accessed August 24, 2015).

16. Heather Lee Logas, "Meta-Rules and Complicity in Brenda Brathwaite's Train," *Proceedings of DiGRA 2011 Conference: Think, Design, Play*, Utrecht, the Netherlands (2011), http://www.digra.org/wp-content/uploads/digital-library/11301.05058.pdf (accessed August 24, 2015).

17. Jamin Brophy-Warren, "The Board Game No One Wants to Play More Than Once," Speakeasy, *The Wall Street Journal*, June 24, 2009, http://blogs.wsj.com/speakeasy/2009/06/24/can-you-make-a-board-game-about-the-holocaust-meet-train/ (accessed August 24, 2015).

18. Brenda Laurel, *Computers as Theatre* (Boston: Addison-Wesley Longman, 1991).

19. Katherine Isbister, *Better Game Characters by Design: A Psychological Approach* (Boca Raton, FL: CRC/Morgan Kaufmann, 2006).

20. http://www.reddit.com/r/truegaming/comments/242itf/first_person_vs_third_person_which_do_you_prefer/(accessed August 24, 2015).

21. Mathias Jansson, "Interview: Eddo Stern, Pioneer of Game Art," *Gamescenes: Art in the Age of Videogames*, June 12, 2010, http://www.gamescenes.org/2010/06/interview-eddo-stern.html (accessed August 24, 2015).

22. Regine, "Waco Resurrection," *We Make Money Not Art*, May 23, 2005, http://we-make-money-not-art.com/archives/2005/05/so-the-winners.php (accessed August 24, 2015).

23. Richard Hofmeier, *Cart Life*, http://www.richardhofmeier.com/cartlife/(accessed November 24, 2014).

24. Carolyn Petit, "Cart Life Review," *Gamespot*, January 14, 2013, http://www.gamespot.com/reviews/cart-life-review/1900-6402398/ (accessed August 26, 2015).

25. Ben Lee, "'Cart Life': How Richard Hofmeier Game Became a Success Story," Digital Spy, April 14, 2013, http://www.digitalspy.co.uk/gaming/news/a472874/cart-life-how-richard-hofmeier-game-became-a-success-story.html (accessed August 24, 2015).

26. Katherine Isbister, "Reading Personality in Onscreen Interactive Characters: An Examination of Social Psychological Principles of Consistency, Personality Match, and Situational Attribution Applied to Interaction with Characters," Ph.D. dissertation, Stanford University, 1998.

27. Katherine Isbister and Clifford Nass, "Consistency of Personality in Interactive Characters: Verbal Cues, Non-verbal Cues, and User Characteristics," *International journal of human–computer studies* 53, no. 2 (2000):

251–267. Byron Reeves and Clifford Nass, *The Media Equation* (Cambridge: Cambridge University Press, 1996).

28. Katherine Isbister, "The Real Story on Characters and Emotions Taking It to the Streets," paper presented at Game Developers Conference 2008, San Francisco, California.

29. Monte Schultz, "Infocom Does It Again . . . and Again," *Creative Computing* (December 1983): 153.

30. Janet H. Murray, *Hamlet on the Holodeck: The Future of Narrative in Cyberspace* (Cambridge, MA: MIT Press), 52–53.

31. Ian Bogost, Simon Ferrari, and Bobby Schweizer, *Newsgames: Journalism at Play* (Cambridge, MA: MIT Press, 2010).

32. bluemist, "Love Plus: Impressions," *bluemist*, September 5 2009, http://bluemist.animeblogger.net/archives/love-plus-1/ (accessed August 24, 2015).

33. Ibid.

34. Ibid.

35. Owen Good, "The One about the Guy Who Married a Video Game," *Kotaku*, November 21, 2009, http://kotaku.com/5409877/the-one-about-the-guy-who-married-a-video-game (accessed August 24, 2015).

36. Akiko Fujita, "On Vacation with a Virtual Girlfriend," *The Wall Street Journal*, web video, 3:13, August 31, 2010, http://www.wsj.com video/on-vacation-with-a-virtual-girlfriend/77E0EACD-0B57-49DD-876A-5FF74EFF0781.html (accessed August 24, 2015).

37. GodLen, "CNN Reports on the Love Plus Marriage," *Anime Vice* December 17, 2009, http://www.animevice.com/news/cnn-reports-on the-love-plus-marriage/3268/ (accessed August 24, 2015). Lisa Katayama, "Love in 2-D," *New York Times*, July 21, 2009, http://www.nytimes.com/2009/07/26/magazine/26FOB-2DLove-t.html?pagewanted=1 (accessed August 24, 2015).

38. Katayama, "Love in 2-D."

39. Ibid.

40. Andrew Park, "The Sims Review," *Gamespot*, February 11, 2000, http://www.gamespot.com/reviews/the-sims-review/1900-2533406/ (accessed August 24, 2015).

41. Scott McCloud, *Understanding Comics: The Invisible Art* (New York: William Morrow, 1994).

42. shushbob, *Sims 3—gameplay what happens if you fight*, YouTube video, 3:11, June 6, 2009, http://www.youtube.com/watch?v=1yexm4JYhgY (accessed August 24, 2015).

43. Robin Burkinshaw, "Hello!," *Alice and Kev: The Story of Being Homeless in The Sims 3*, 2009, http://aliceandkev.wordpress.com (accessed August 24, 2015).

第 2 章　社交游戏：多人玩家情感的设计

1. Entertainment Software Association, "Essential Facts about the Computer and Video Game Industry," 2015, http://www.theesa.com/wp-content/uploads/2015/04/ESA-Essential-Facts-2015.pdf (accessed August 26, 2015).

2. Johan Huizenga, *Homo Ludens: A Study of the Play Element in Culture* (Boston, MA: Beacon Press, 1955).

3. Hara Estroff Morano, "The Dangers of Loneliness," *Psychology Today*, July 1, 2003, https://www.psychologytoday.com/articles/200308/the-dangers-loneliness (accessed August 26 2015).

4. Regan L. Mandryk and Kori M. Inkpen, "Physiological Indicators for the Evaluation of Co-Located Collaborative Play," *CSCW '04 Proceedings of the 2004 ACM Conference on Computer-Supported Cooperative Work*, Chicago, IL (2004): 102, doi:10.1145/1031607.1031625.

5. Anna Macaranas, Gina Venolia, Kori Inkpen, and John Tang, "Sharing Experiences over Video: Watching Video Programs Together at a Distance," *Human–Computer Interaction—INTERACT 2013*, Cape Town, South Africa (2013): 73–90.

6. Jaako Stenros, Janne Paavilainen, and Frans Mäyrä, "The Many Faces of Sociability and Social Play in Games," *Proceedings of the 13th International MindTrek Conference*, Tampere, Finland (2009): 82–89.

7. Kerry L. Marsh, Michael J. Richardson, and R. C. Schmidt, "Social Connection through Joint Action and Interpersonal Coordination," *Topics in Cognitive Science* 1, no. 2 (2009): 320, doi:10.1111/j.1756-8765.2009.01022.x; Pierecarlo Valdesolo and David DeSteno, "Synchrony and the Social Tuning of Compassion," *Emotion* 11, no. 2 (2011): 262, doi: 10.1037/a0021302; Pierecarlo Valdesolo, Jennifer Ouyang, and David DeSteno, "The Rhythm of Joint Cction: Synchrony Promotes Cooperative Ability," *Journal of Experimental Social Psychology* 46, no. 4 (2010): 693, doi:10.1016/j.jesp.2010.03.004.

8. GameOn @ IGS Corporation Limited, *How to Control Sackboy: LBP2 Acting*, YouTube video, 1:50, October 21, 2011, https://www.youtube.com/watch?v=LHF7Psvu6GM (accessed August 26, 2015).

9. Brendan Keogh, "A Sackboy Says No Words," *Kill Screen*, March 15, 2011, http://killscreendaily.com/articles/sackboy-says-no-words/ (accessed August 26, 2015).

10. Ibid.

11. calculatorboyqwe, *New LittleBigPlanet Sackzilla Trailer HD Quality*, YouTube video, 1:48, September 3, 2008, https://www.youtube.com/watch?v=xdvSAkgN-FU&feature=player_embedded (accessed August 26, 2015).

12. Erving Goffman, *The Presentation of Self in Everyday Life* (New York: Anchor Books, 1959).

13. D. Fox Harrell, *Phantasmal Media: An Approach to Imagination, Computation, and Expression* (Cambridge, MA: MIT Press, 2013).

14. Michael S. Rosenberg, "Virtual Reality: Reflections of Life, Dreams, and Technology: An Ethnography of a Computer Society," unpublished manuscript, 1992, https://w2.eff.org/Net_culture/MOO_MUD_IRC/rosenberg_vr_reflections.paper (accessed March 26, 2015).

15. Quoted in Sherry Turkle, *Life on the Screen: Identity in the Age of the Internet* (New York: Simon & Schuster, 1995).

16. Ibid.

17. "Rip City of Heroes," *Penny Arcade,* August 2012, http://forums.penny-arcade.com/discussion/166289/rip-city-of-heroes (accessed January 31, 2015).

18. Ibid.

19. Ibid.

20. Ibid.

21. Ibid.

22. Ibid.

23. Ibid.

24. Walter Mischel, "Toward an Integrative Science of the Person," *Annual Review of Psychology* 55 (2004): 1–22.

25. Mary Flanagan, Daniel C. Howe, and Helen Nissenbaum, "Values at Play: Design Tradeoffs in Socially-Oriented Game Design," *CHI '05 Proceedings of the SIGCHI Conference on Human Factors in Computing Systems,* Portland, OR (2005): 751, doi:10.1145/1054972.1055076; Bernie DeKoven, *The Well-Played Game: A Playful Path to Wholeness* (Lincoln, NE: iUniverse, Inc., 2002).

26. "keep me occupied," *Auntie Pixelante,* January 9, 2012, http://www.auntiepixelante.com/?p=1461 (accessed August 26, 2015).

27. Espen Aarseth, "I Fought the Law: Transgressive Play and the Implied Player," *Proceedings of DiGRA 2007 Conference: Situated Play,* Tokyo, Japan (2007): 130, http://www.digra.org/wp-content/uploads/digital-library/07313.03489.pdf (accessed August 26, 2015); Mia Consalvo, *Cheating: Gaining Advantage in Videogames* (Cambridge, MA: MIT Press, 2009).

28. Raph Koster, "The Laws of Online World Design," *Raph Koster's Website,* http://www.raphkoster.com/gaming/laws.shtml (accessed January 31, 2015).

29. David Myers, *Play Redux: The Form of Computer Games* (Ann Arbor: University of Michigan Press, 2010).

30. Ibid.

31. Keogh, *A Sackboy Says No Words.*

32. Celia Pearce and Artemesia, *Communities of Play: Emergent Cultures in Multiplayer Games and Virtual Worlds* (Cambridge, MA: MIT Press, 2009), 216–217.

第 3 章 游戏中的肢体动作：运用动作设计来创造情感和联系

1. Roni Caryn Rabin, "The Hazards of the Couch," *New York Times*, January 12, 2011, http://well.blogs.nytimes.com/2011/01/12/the-hazards-of-the-couch/ (accessed August 26, 2015).

2. Katherine Isbister, "Emotion and Motion: Games as Inspiration for Shaping the Future of Interface," *Interactions* 18, no. 5 (September–October 2011): 24.

3. Katherine Isbister and Floyd 'Florian' Mueller, "Guidelines for the Design of Movement-Based Games and Their Relevance to HCI," *Human Computer Interaction* 30 (no. 3–4, 2015): 366–399; Elena Márquez Segura and Katherine Isbister, "Enabling Co-located Physical Social Play: A Framework for Design and Evaluation," in *Game User Experience Evaluation*, ed. Regina Bernhaupt (New York: Springer, 2015); Holly Robbins and Katherine Isbister, "Pixel Motion: A Surveillance Camera Enabled Public Digital Game," Katherine Isbister, "How to Stop Being a Buzzkill: Designing Yamove!, A Mobile Tech Mash-Up to Truly Augment Social Play," *MobileHCI '12 Proceedings of the 14th International Conference on Human–Computer Interaction with Mobile Devices and Services* (New York: ACM, 2012): 1–4; Isbister, "Emotion and Motion"; Katherine Isbister, Ulf Schwekendiek, and Jonathan Frye, "Wriggle: An Exploration of Emotional and Social Effects of Movement," *CHI '11 Extended Abstracts on Human Factors in Computing Systems* (New York: ACM, 2011), 1885–1890.

4. Fritz Strack, Leonard L. Martin, and Sabine Stepper, "Inhibiting and Facilitating Conditions of the Human Smile: A Nonobtrusive Test of the Facial Feedback Hypothesis," *Journal of Personality and Social Psychology* 54, no. 5 (1988): 768.

5. Dana R. Carney, Amy J. C. Cuddy, and Andy J. Yap, "Power Posing: Brief Nonverbal Displays Affect Neuroendrocrine Levels and Risk Tolerance," *Psychological Science* 21, no. 10 (2010): 1363.

6. Katherine Isbister, Rahul Rao, Ulf Schwekendiek, Elizabeth Hayward, and Jessamyn Lidasan, "Is More Movement Better? A Controlled Comparison of Movement-Based Games," *FDG '11 Proceedings of the 6th International Conference on Foundations of Digital Games 2011* (New York: ACM, 2011): 331.

7. Nadia Bianchi-Berthouze, Whan Woong Kim, and Darshak Patel, "Does Body Movement Engage You More in Digital Game Play? And Why?," *ACII '07 Proceedings of the 2nd International Conference on Affective Computing and Intelligent Interaction* (Heidelberg: Springer-Verlag, 2007): 102; Siân E. Lindley, James Le Couteur, and Nadia Bianchi-Berthouze, "Stirring Up Experience through Movement in Game Play: Effects on Engagement and Social Behavior," *CHI '08 Proceedings of the SIGCHI Conference on Human Factors in Computing Systems* (New York: ACM, 2008): 511; Isbister, Schwekendiek, and Frye, "Wriggle," 1885.

8. Katherine Isbister and Christopher DiMauro, "Waggling the Form Baton: Analyzing Body-Movement-Based Design Patterns in Nintendo Wii Games, Toward Innovation of New Possibilities for Social and Emotional Experience in Whole Body Interaction," in *Whole Body Interaction*, ed. David England (London: Springer-Verlag, 2011), 63; Katherine Isbister, Michael Karlesky, and Jonathan Frye, "Scoop! Using Movement to Reduce Math Anxiety and Affect Confidence," *CHI '12 Proceedings of the SIGCHI Conference on Human Factors in Computing Systems* (New York: ACM, 2012): 1075.

9. Elaine Hatfield, E., John T. Cacioppo, and Richard L. Rapson, *Emotional Contagion* (Cambridge, UK, and New York: Cambridge University Press, 1994).

10. Tom F. Price, Carly K. Peterson, and Eddie Harmon-Jones, "The Emotive Neuroscience of Embodiment," *Motivation and Emotion* 36, no. 1 (2012): 36, doi:10.1007/s11031-011-9258-1.

11. David A. Havas, Arthur M. Glenberg, Karol A. Gutowski, Mark J. Lucarelli, and Richard J. Davidson, "Cosmetic Use of Botulinum Toxin-A Affects Processing of Emotional Language." *Psychological Science* 21, no 7 (July 2010): 895–900.

12. Dean Tate and Matt Boch, "Break It Down! How Harmonix and Kinect Taught the World to Dance; The Design Process and Philosophy of *Dance Central*," Game Developers Conference 2011, http://www.gdcvault.com/play/1014487/Break-It-Down-How-Harmonix (accessed August 26, 2015).

13. Gina Kolata, "Yes, Running Can Make You High," *New York Times*, March 27, 2008, http://www.nytimes.com/2008/03/27/health/nutrition/27best.html (accessed August 26, 2015).

14. Florian "Floyd" Mueller, Frank Vetere, Martin R. Gibbs, Darren Edge, Stefan Agamanolis, Jennifer G. Sheridan, and Jeffrey Heer, "Balancing Exertion Experiences," *CHI '12 Proceedings of the SIGCHI Conference on Human Factors in Computing Systems* (New York: ACM, 2012); Isbister and Mueller, "Guidelines for the Design of Movement-Based Games and Their Relevance to HCI."

15. Sm00t, "I Lost 70 Pounds Entirely Playing Dance Dance Revolution and Have since Gained 25 Pounds of Muscle and Growing," */r/IAmA Reddit Driven Q&A*, July 8, 2012, http://www.topiama.com/r/106/i-lost-70-pounds-entirely-playing-dance-dance (accessed August 26, 2015); Associated Press, "Video Game Fans Dance Off Extra Pounds," *DNITech*, May 24, 2004, http://www.dnitech.com/danceoffthepounds.htm (accessed August 26, 2015).

16. Alexander Sliwinski, "West Virginia University Study Says DDR Helps Fitness Attitude," *Joystiq*, December 21, 2006, http://www.engadget.com/2006/12/21/west-virginia-university-study-says-ddr-helps-fitness-attitude/ (accessed August 26, 2015).

17. http://www.immersence.com/osmose/ (accessed August 26, 2015).

18. Joe Donnelly, "Experiencing 'Deep', the Virtual Reality Game That Relieves Anxiety Attacks," *Vice* (2015). http://www.vice.com/en_uk/read/experiencing-deep-the-virtual-reality-game-that-relieves-anxiety-attacks-142(accessed August 26, 2015).

19. Simon Parkin, "Desert Bus: The Very Worst Video Game Ever Created," *The New Yorker*, July 9, 2013, http://www.newyorker.com/tech/elements/desert-bus-the-very-worst-video-game-ever-created (accessed August 26, 2015).

20. Ibid.

21. Ibid.

22. http://www.pippinbarr.com/games/dmai/ (accessed August 26, 2015).

23. See http://eddostern.com/works/tekken-torture-tournament/ (accessed August 26, 2015).

24. *Pong* is an early computer game that simulates paddle tennis.

25. See Simgallery.net.

26. Kerry L. Marsh, Michael J. Richardson, and R. C. Schmidt, "Social Connection through Joint Action and Interpersonal Coordination," *Topics in Cognitive Science* 1, no. 2 (2009): 320, doi:10.1111/j.1756-8765.2009.01022.x; Pierecarlo Valdesolo and David DeSteno, "Synchrony and the Social Tuning of Compassion," *Emotion* 11, no. 2 (2011): 262, doi: 10.1037/a0021302; Pierecarlo Valdesolo, Jennifer Ouyang, and David DeSteno, "The Rhythm of Joint Action: Synchrony Promotes Cooperative Ability," *Journal of Experimental Social Psychology* 46, no. 4 (2010): 693, doi:10.1016/j.jesp.2010.03.004.

27. Edward T. Hall, "Proxemics," *Current Anthropology* 9, no. 2–3 (1968): 83; Mark L. Knapp and Judith A. Hall, *Nonverbal Communication in Human Interaction*, 3rd ed. (New York: Holt, Rinehart & Winston, 2002).

28. Douglas Wilson, "Designing for the Pleasures of Disputation—or—How to make friends by trying to kick them!," Ph.D. dissertation, IT University of Copenhagen, 2012, http://doougle.net/phd/Designing_for_the_Pleasures_of_Disputation.pdf (accessed August 26, 2015).

29. See http://www.nslgames.com (accessed August 26, 2015).

30. Christopher Cole Gorney, "Hip Hop Dance: Performance, Style and Competition," MFA thesis, 1977, Department of Dance, University of Oregon.

31. Kerry L. Marsh, Michael J. Richardson, and R. C. Schmidt, "Social Connection through Joint Action and Interpersonal Coordination," *Topics in Cognitive Science* 1, no. 2 (2009): 320, doi:10.1111/j.1756-8765.2009.01022.x; Pierecarlo Valdesolo and David DeSteno, "Synchrony and the Social Tuning of Compassion," *Emotion* 11, no. 2 (2011): 262, doi: 10.1037/a0021302; Pierecarlo Valdesolo, Jennifer Ouyang, and David DeSteno, "The Rhythm of Joint Action: Synchrony Promotes Cooperative Ability," *Journal of Experimental Social Psychology* 46, no. 4 (2010): 693, doi:10.1016/j.jesp.2010.03.004.

32. Isbister, "How to Stop Being a Buzzkill," 1.

33. Pierecarlo Valdesolo and David DeSteno, "Synchrony and the social tuning of compassion," *Emotion* 11, no. 2 (2011): 262, doi: 10.1037/a0021302; Pierecarlo Valdesolo, Jennifer Ouyang, and David DeSteno, "The Rhythm of Joint Action: Synchrony Promotes Cooperative Ability," *Journal of Experimental Social Psychology* 46, no. 4 (2010): 693, doi:10.1016/j.jesp.2010.03.004.

34. See http://ninjashadowwarrior.tumblr.com (accessed August 26, 2015).

35. Holly Robbins and Katherine Isbister, "Pixel Motion: A Surveillance Camera Enabled Public Digital Game," *Proceedings of Foundations of Digital Games 2014,* Fort Lauderdale, FL (2014), http://www.fdg2014.org/proceedings.html (accessed August 26, 2015).

36. Annika Waern, Markus Montola, and Jaakko Stenros, "The Three-Sixty Illusion: Designing for Immersion in Pervasive Games," *CHI '09 Proceedings of the SIGCHI Conference on Human Factors in Computing Systems* (New York: ACM, 2009): 1549, doi:10.1145/1518701.1518939.

37. Ibid.

38. Jason Johnson, "Are Costumes the New Game Controllers?," *Kill Screen*, July 12, 2013, http://killscreendaily.com/articles/are-costumes-new-game-controllers/ (accessed August 26, 2015);Katherine Isbister and Kaho Abe, "Costumes as Game Controllers: An Exploration of Wearables to Suit Social Play," paper presented at the 9th International

Conference on Tangible, Embedded and Embodied Interaction, Stanford, CA (2015).

39. https://www.youtube.com/watch?v=T3zGRmVES0w (accessed August 26, 2015).

第 4 章　消除隔阂，创造亲密感和联系

1. Howard Rheingold, *Smart Mobs: The Next Social Revolution* (New York: Basic Books, 2003); Clay Shirky, *Here Comes Everybody: The Power of Organizing without Organizations* (New York: Penguin Books 2009); Amy Jo Kim, *Community Building on the Web: Secret Strategies for Successful Online Communities* (Berkeley, CA: Peachpit Press, 2000).

2. Marcel Mauss, *The Gift: Forms and Functions of Exchange in Archaic Societies*, trans. Ian Cunnison (New York: Norton Library, 1967); John F. Sherry, "Gift-Giving in Anthropological Perspective," *Journal of Consumer Research* 10, no. 2 (1983): 157.

3. Amy Bruckman, "Reconnecting with Old Friends Online—Is the Sense of Connection an Illusion?," *The Next Bison: Social Computing and Culture* (blog), April 2, 2013, https://nextbison.wordpress.com/2013/04/02/reconnecting-with-old-friends-online-is-the-sense-of-connection-an-illusion/ (accessed August 27, 2015).

4. Lisa Poisso, "Breakfast Topic: What's the Best In-Game Gift You've Ever Received?," *WoW Insider*, October 6, 2012, http://www.engadget.com/2012/10/06/breakfast-topic-whats-the-best-in-game-gift-youve-ever-receiv/ (accessed August 27, 2015).

5. Stephen Totilo, "I Played the New Animal Crossing with the People Who Made It," *Kotaku*, June 8, 2013, http://www.kotaku.com.au/2013/06/i-played-the-new-animal-crossing-with-the-people-who-made-it/ (accessed August 27, 2015).

6. Andy Robertson, "Animal Crossing New Leaf Creates a Living Breathing World," *HuffPost Tech: UK*, May 17, 2013, http://www.huffingtonpost.co.uk/andy-robertson/animal-crossing-new-leaf-creates-living-breathing-world_b_3291549.html (accessed August 27, 2015).

7. Johan Huizinga, *Homo Ludens: A Study of the Play-Element in Culture* (Boston: Beacon Press, 1955).

8. Celia Pearce and Artemesia, *Communities of Play: Emergent Cultures in Multiplayer Games and Virtual Worlds* (Cambridge, MA: MIT Press, 2009).

9. Ibid.

10. Michael D. Eisner, *Camp* (New York: Warner Books, 2005).

11. Kevin VanOrd, "Journey Impressions," *Gamespot*, June 17, 2010, http://www.gamespot.com/articles/journey-impressions/1100-6266636/ (accessed August 27, 2015).

12. Erik Kain, "'Journey' Review: Making Games Beautiful," *Forbes*, December 4, 2012, http://www.forbes.com/sites/erikkain/2012/12/04/journey-review-making-video-games-beautiful/ (accessed August 27, 2015).

13. Jason Killingsworth, "The Edge ExPlay Panel: Journey—How Jumping Can Be Emotional," *Edge*, November 5, 2012, https://web.archive.org/web/20121108054721/http://www.edge-online.com/features/opinion-designing-rapture%E2%80%A8%E2%80%A8 (accessed August 27, 2015).

14. Ibid.

15. Kain, "'Journey' Review."

16. Kim, *Community Building on the Web*; Raph Koster, "The Laws of Online World Design," *Raph Koster's Website*, http://www.raphkoster.com/gaming/laws.shtml (accessed January 31, 2015).

17. Pearce and Artemesia, *Communities of Play*; T. L. Taylor, *Play between Worlds: Exploring Online Game Culture* (Cambridge, MA: MIT Press, 2009).

18. Albert Bandura, *Social Learning Theory* (New York: Pearson, 1976).

19. Seth Cooper and Katie Burke, "Behind the Scenes of Foldit: Pioneering Science Gamification," *American Scientist*, 2013, http://www.americanscientist.org/science/pub/behind-the-scenes-of-foldit-pioneering-science-gamification (accessed February 2, 2015).

20. Cooper and Burke, "Behind the Scenes of Foldit."

21. https://www.youtube.com/watch?v=axN0xdhznhY (accessed August 27, 2015).

22. Christopher B. Eiben, Justin B. Siegel, Jacob B. Bale, Seth Cooper, Firas Khatib, Betty W. Shen, Foldit Players, Barry L. Stoddard, Zoran Popovic, and David Baker, "Increased Diels-Alderase Activity through Backbone Remodeling Guided by Foldit Players," *Nature Biotechnology* 30, no. 2 (2012): 190–192, doi:10.1038/nbt.2109.

23. Amy Bruckman, "A Great Experience That Must Stop: Words with Friends and the Mindful Use of Technology," *The Next Bison: Social Computing and Culture* (blog), April 6, 2013, https://nextbison.wordpress.com/2013/04/06/a-great-experience-that-must-stop-words-with-friends-and-the-mindful-use-of-technology/ (accessed August 27, 2015).

24. "Rip City of Heroes," *Penny Arcade*, http://forums.penny-arcade.com/discussion/166289/rip-city-of-heroes (accessed January 31, 2015).

25. Pearce and Artemesia, *Communities of Play*.

26. Koster, "The Laws of Online World Design."

27. Sherry Turkle, *Life on the Screen: Identity in the Age of the Internet* (New York: Simon & Schuster, 1995).

28. Jane McGonigal, *Reality Is Broken: Why Games Make Us Better and How They Can Change the World* (New York: Penguin Books, 2011); James Gee, *The Anti-Education Era: Creating Smarter Students through Digital Learning* (New York: Palgrave Macmillan, 2013).

29. Ray Oldenburg, *The Great Good Place* (New York: Paragon Books, 1989).

30. Robert D. Putnam, *Bowling Alone: The Collapse and Revival of American Community* (New York: Touchstone Books, 2000).

31. Mihaly Csikzentmihalyi, "Play and Intrinsic Rewards," *Journal of Humanistic Psychology* 15, no. 3 (1975): 41.

32. Huizinga, *Homo Ludens*.

写在最后：一些思考

1. Leigh Alexander, "Grunge, Grrrls and Video Games: Turning the Dial for a More Meaningful Culture," *Gamasutra*, August 16, 2013, http://www.gamasutra.com/view/feature/198376/grunge_grrrls_and_video_games_.php (accessed August 27, 2015).

2. Kirk Hamilton, "*Journey*: The Kotaku Review," Reviews, *Kotaku*, March 1, 2012, http://kotaku.com/5889425/journey-the-kotaku-review (accessed August 27, 2015).

游戏列表

Abe, Kaho, *Hit Me!* (Kaho Abe, 2011)

Abe, Kaho, *Hotaru: The Lightning Bug Game* (Kaho Abe, 2015)

Abe, Kaho, *Ninja Shadow Warrior* (Kaho Abe, 2011)

Antonisse, Jamie, and Devon Johnson, *Hush* (freeware, 2008)

Antropy, Anna, *Keep Me Occupied* (freeware, 2012)

Baker, David, *Foldit* (Center for Game Science at University of Washington/UW Department of Biochemistry, 2013)

Blackman, Haden, *Star Wars: The Force Unleashed* (LucasArts, 2008)

Chen, Jenova, *Journey* (thatgamecompany, 2012)

Chopra, Deepak, *Leela* (THQ, 2011)

Eguchi, Katsuya, and Kiyoshi Mizuki, *Wii Sports* (Nintendo, 2006)

Hofmeier, Richard, *Cart Life* (freeware, 2011)

Jillette, Penn, *Penn and Teller's Smoke and Mirrors* (including *Desert Bus*) (Absolute Entertainment, 1995)

Meretsky, Steve, *Planetfall* (Infocom, 1983)

Morawe, Volker, and Tilman Reiff, *PainStation* ("/////////fur//// art entertainment interfaces," 2001)

Moro, Isao, and Aya Kyogoku, *Animal Crossing: New Leaf* (Nintendo, 2012)

NYU Game Innovation Lab, *Pixel Motion* (2013)
NYU Game Innovation Lab, *Yamove!* (2012)
Romero, Brenda, *Train* (exhibited only, 2009)
Stern, Eddo, *Waco Resurrection* (c-level, 2004)
Uncredited, *Black and White: Creature Isle* (Lionhead Studios, 2002)
Uncredited, *Bounden* (Game Oven, 2014)
Uncredited, *City of Heroes* (Cryptic Studies, 2004)
Uncredited, *Dance Central* (Harmonix, 2010)
Uncredited, *Dance Dance Revolution* (Konami, 1998)
Uncredited, *Little Big Planet 2* (MediaMolecule, 2011)
Uncredited, *Love Plus 3DS* (Otaku Gaming/Konami, 2009)
Uncredited, *Tekken* (Bandai Namco Entertainment, 1994)
Uncredited, *There.com* (Makena Technologies, 2003)
Uncredited, *Words with Friends* (Zynga, 2015)
Uncredited, *World of Warcraft* (Blizzard Entertainment, 2004)
Waern, Annika, Markus Montola, and Jaakko Stenros, *Momentum* (The Interactive Institute, 2006)
Wilson, Douglas, Brent Knepper, and Sara Bobo, *J. S. Joust* (Die Gute Fabrik, 2014)
Wright, Will, *The Sims 3* (Electronic Arts, 2009)
Wright, Will, *The Sims* (Electronic Arts, 2000)